U0262323

国家社会科学基金项目"青藏高原多灾种自然灾害综合风险评估及其管理研究"（14BGL137）

国家重大科学研究计划"冰冻圈变化及其影响研究"第八课题"冰冻圈变化影响综合分析与适应机理研究"（2013CBA01808）

中国科学院寒区旱区环境与工程研究所科技服务网络计划（STS-HHS计划）"冰冻圈资源评估与可持续利用"（HHS-TSS-STS-1501）

国家自然科学基金委员会创新研究群体科学基金"冰冻圈与全球变化"（41421061）

冰冻圈科学国家重点实验室自主课题（SKLCS-ZZ-2016）

中科院重点部署项目"冰冻圈快速变化的关键过程研究"（KJZD-EW-G03-04）

冰湖溃决灾害综合风险评估与管控

——以中国喜马拉雅山区为例

王世金　汪宙峰　著

中国社会科学出版社

图书在版编目(CIP)数据

冰湖溃决灾害综合风险评估与管控：以中国喜马拉雅山区为例／王世金，汪宙峰著．—北京：中国社会科学出版社，2017.3

ISBN 978 - 7 - 5161 - 9455 - 3

Ⅰ.①冰…　Ⅱ.①王…②汪…　Ⅲ.①冰川湖—山地灾害—研究
Ⅳ.①P694

中国版本图书馆 CIP 数据核字(2016)第 308853 号

出 版 人	赵剑英	
责任编辑	王　称	
责任校对	姜英鎏	
责任印制	王　超	

出　　　版	中国社会科学出版社	
社　　　址	北京鼓楼西大街甲 158 号	
邮　　　编	100720	
网　　　址	http://www.csspw.cn	
发 行 部	010 - 84083685	
门 市 部	010 - 84029450	
经　　　销	新华书店及其他书店	

印　　　装	北京君升印刷有限公司	
版　　　次	2017 年 3 月第 1 版	
印　　　次	2017 年 3 月第 1 次印刷	

开　　　本	787 × 1092　1/16	
印　　　张	12	
插　　　页	2	
字　　　数	201 千字	
定　　　价	118.00 元	

序

    IPCC（2013）最新评估报告显示，全球陆地和海洋近地表平均温度在1880—2012 年间增温 0.85（0.65—1.06）℃，全球暖化的强度和持续性从20 世纪 70 年代开始越来越显著。以青藏高原为代表的高山地区 50 年来增幅约 1.013℃，明显高于全球海陆均温增幅。青藏高原显著的变暖趋势已导致喜马拉雅山冰川加速消融，冰湖稳定性变弱，冰湖扩张迅速，为冰湖溃决洪水/泥石流的形成提供了充沛的水源条件。同时，该区地处印度洋板块与欧亚板块的接触带，褶皱带内新构造运动强烈，山区各沟域因风化剥蚀严重，松散物质丰富，加之，该区域地震活动强烈多发，为冰湖溃决泥石流形成提供了丰富的物源条件和外部胁迫。另外，该区域地形落差高、坡降大，此地形条件为冰湖溃决洪水/泥石流的形成提供了巨大的势能条件。可以预见，在该区增温明显和地震多发的背景下，形成冰湖溃决灾害的可能性亦然很大。冰湖溃决灾害是气候背景下冰冻圈过程变化对经济社会系统的最直接影响。尽管以往冰湖溃决机理研究进展显著、成果丰富，但冰湖溃决灾害灾损依然严重，部分冰湖溃决灾害甚至危及下游国家安全。究其因，在某种程度上，"冰湖溃决灾害自然学科基础研究与社会学科需求研究相互分割、前因与后果研究相互脱节"，是造成这种结果的重要原因。特别是，对冰湖溃决灾害综合风险系统的认识还显不足，面对冰湖溃决灾害预警预报、应急管理、风险管理与控制等方面问题时仍缺乏必要的理论支撑。

    "凡事预则立，不预则废，与风险共存，始终做到居安思危、防患于未然"，是任何自然灾害风险管理的指导思想。冰湖溃决灾害风险评估与管理亦然，其灾前预防与管理、控制远远胜过灾后补救与重建。《冰湖溃决灾害综合风险评估与管控：以中国喜马拉雅山区为例》一书，以中国喜马拉雅山区为典型案例区，以冰湖溃决历史灾情分析为基础，综合分析冰湖溃决灾害发生的自然社会背景，辨识了溃决灾害形成的关键性控制因子。在此基础上，系统分析了冰湖溃决风险，进而建立了冰湖溃决预测模型及冰湖溃决灾害风险评估体系，并对其进行了综合评估。该书以"以人为本，预防为主、避让与治理相结合"为指导思想，建立以"灾前预警预报、风险规避与处置、灾害风险全过程管理"于一体的冰湖溃决灾害群测群防综合风险管理体系。其研究，必将深化对冰湖溃决灾害风险评估与风险管理的科学认识水平，促进冰冻圈过程变化对经济社会系统的影响与适应示范研究，同时，也将为冰冻圈多灾种综合风险评估与区划提供科学支撑。特别地，其研究也是指导冰湖溃决高危区土地与城镇规划和制订防灾减灾规划的必要基础，而且直接关乎冰湖溃决灾害承灾区经济社会的持续健康发展。

中国科学院院士　秦大河

国家减灾委专家委员会主任

2016 年 10 月 16 日于北京

前　言

冰湖溃决洪水/泥石流灾害是气候变化和地震活动等间接因素引发的一种自然灾害，较降雨型洪水/泥石流，冰湖溃决频率较低，预兆不明显，预警难度较大，从而决定了冰湖溃决灾害乃小概率、大风险之特性。同时，冰湖溃决型泥石流具有突发性强、洪峰高、流量大、破坏力大和灾害持续时间短但波及范围广等特点，其灾害严重影响着承灾区居民的生命财产安全，以及寒区交通运输、基础设施、农牧业、冰雪旅游发展乃至国防安全，使冰冻圈承灾区经济社会系统遭到了巨大破坏并潜伏多种威胁。历史灾情显示，以往24次冰湖溃决灾害便发生在喜马拉雅山区，这一区域已成为世界上第二大冰湖溃决灾害频发区和重灾区。喜马拉雅山区新构造运动强烈，构造地震活动频繁强烈。地震常破坏山体、冰体及坝体结构，引起冰湖自身状态失衡、沟道松散物质增加，冰湖溃决、沟道滑坡乃至冰湖溃决泥石流潜在风险随之增加。震后，冰湖溃决应成为该区首要关注的重大防灾减灾问题。可以预见，在地震频发和持续增温背景下，该区形成冰湖溃决灾害的可能性亦很大。

冰湖溃决灾害属于频率较低但灾害影响严重的自然灾害。全面认识和客观评价冰湖溃决灾害风险，是提高冰冻圈灾害风险分析水平、增强其风险控制与管理能力的前提和基础。以往冰湖溃决研究主要集中于溃决特征、机理、演进模拟等自然属性的研究，且取得了较为显著的进展。在方法上，则经历了由野外观测到3S技术与野外观测相结合、从历史与现状分析向预测与研究相结合、从定性分析趋向定量研究、由经验估算到基于物理过程的建模模拟、由单项要素分析趋向综合要素评价转变的发展历程。同时，评价方法也由传统的成因机理分析和统计分析向多种评价方法相结合发展。

然而，冰湖溃决灾害综合风险评估是对尚未发生的冰湖溃决承灾区损失的可能性评定和预估，以往冰湖溃决灾害研究多集中于冰湖溃决机理及其溃决危险性评估方面，而承灾区脆弱性评估及其风险管理研究则很少被纳入其综合风险评估之中，而冰湖溃决灾害往往是由这些因素共同决定。目前，还未形成一套冰湖溃决灾害综合风险评估、区划与管理的方法体系。

早在20世纪50—80年代，南美洲秘鲁科迪勒拉布兰卡山区因巨大冰湖溃决灾害使其下游人口、城镇及文化遗产遭受巨大破坏，为此，80年代秘鲁政府就对35处潜在危险性冰湖逐一实施了工程措施（加固坝体和泄洪）。喜马拉雅山区是除秘鲁布兰卡山之外的世界上第二大冰湖溃决灾害重灾区和频发区。然而，自1998年至今，仅对三个危险性湖进行了简单的坝体人工开挖泄洪措施，之后，三个冰湖（中国定结县的龙巴萨巴冰湖、尼泊尔的 Rolpa 冰湖、不丹的 Luggye 和 Raphsthreng 冰湖）均因个中原因迫于停止。特别地，2013年7月5日，西藏自治区那曲地区嘉黎县忠玉乡热次热错（面积约为 $57 \times 10^4 \mathrm{m}^2$）冰湖发生溃决，形成洪水与冰川泥石流灾害，致使下游14个行政村不同程度受灾，大片农田被淹、房屋冲毁、牲畜冲走，造成经济损失达2亿元。**冰湖溃决灾害造成的巨大经济损失远远高于早期对潜在高危冰湖坝体的防治和库容的泄洪工程费用。可以说，冰湖溃决灾害的工程措施防治宜早不宜迟，其工程措施贵在落实。**本书系统分析了冰湖溃决灾害时空规律及孕灾环境动态特征，揭示了冰湖溃决灾害形成的关键性控制因子。同时，借助多源多时相遥感影像、地形图及相关文献，利用综合评估方法，建立了集"冰湖溃决危险性、暴露性、脆弱性与适应性"于一体的冰湖溃决灾害综合风险评估体系，并对其综合风险进行了系统评估与区划。最后，提出了具体的冰湖溃决灾害风险管理与控制方案。本书的出版将为下一步青藏高原冰湖溃决灾害综合风险辨识、风险评估、风险控制、防灾减灾，以及保障山区基础设施安全、指导山区土地与城镇规划、制订山区防灾减灾规划提供了重要的实践经验和理论基础。同时，该研究为其他灾种提供了一个风险辨识、风险分析与风险评估的基本框架，其研究方法为多灾种自然灾害综合风险评估与管理提供了一个有用而有效的工具，应得到进一步发展。

本书出版得到了国家社会科学基金项目"青藏高原多灾种自然灾害综合风险评估及其管理研究"（14BGL137）、国家重大科学研究计划"冰冻圈变化及其影响研究"第八课题"冰冻圈变化影响综合分析与适应机理研究"（2013CBA01808）、中国科学院寒区旱区环境与工程研究所科技服务网络计划（STS - HHS 计划）"冰冻圈资源评估与可持续利用"（HHS - TSS - STS - 1501）、中国科学院重点部署项目"冰冻圈快速变化的关键性研究"（KTZD - EW - G03 - 04）、国家自然科学基金委员会创新研究群体科学基金"冰冻圈与全球变化"（41421061）、冰冻圈科学国家重点实验室自主课题（SKLCS - ZZ - 2016）等多项研究课题的联合资助。本书中相关灾害术语大部分参考了联合国国际减灾战略 2009 年减轻灾害风险术语。本书中所用多源多时相遥感影像、数据方法、时间序列与其它文献有一定差别，故同一区域冰湖数量面积及其变化数据可能存在一定出入，但对于冰湖溃决灾害综合风险评估影响颇微。在写作过程中，本书参考和引用了国内同行专家和学者相关冰湖溃决灾害论著的部分结论和成果，在书中已作标注，并在此表示衷心致谢。同时，本书也感谢中国水利水电科学研究院乐茂华博士、中国科学院西北生态环境资源研究院魏彦强、蒲焘、杨春利博士在典型危险性冰湖遥感影像的解译、冰湖溃决预测样本数据的采集与处理等方面所做的工作。为进一步规范冰湖溃决灾害风险评估和区划工作，下一步将依托冰冻圈科学国家重点实验室，在此研究基础上，形成冰湖溃决灾害风险评估和区划技术导则。

冰湖溃决及其成灾机理较为复杂，涉及因素较多，其风险分析、风险评估与风险管理具有一定难度，加之，著者水平所限，本书在理论方法等方面还有许多有待完善之处，恳请广大同行和读者给予批评指正。

作者：王世金

2016.9.26 于金城兰州

目　　录

第一章　绪论

冰湖溃决灾害是在冰川作用区因冰湖区冰/雪崩、强降水、冰川跃动、地震等外部因素或冰碛坝内死冰消融、堤坝管涌扩大等内部因素激发冰碛湖自身状态失衡而溃决，引发溃决洪水/泥石流，危及居民生命、财产、基础设施等经济社会系统，并产生破坏性后果的冰冻圈灾害。受全球气候变暖影响，冰湖溃决洪水/泥石流等重大自然灾害发生频率有所升高，严重影响着脆弱的山区生态系统和经济社会系统。目前，冰湖溃决灾害影响程度以及范围有扩大趋势，其风险管理与研究已受各国学界与政界的广泛关注。

第一节　研究背景

政府间气候变化专门委员会（IPCC）最新评估报告显示，全球陆地和海洋近地表平均温度在 1880—2012 年增温 0.85（0.65—1.06）℃，2003—2012 年的平均温度比 1850—1900 年的平均温度增加约 0.78℃。与整个 20 世纪缓慢的暖化趋势相比，全球暖化的强度和持续性从 20 世纪 70 年代开始越来越显著，其影响范围和程度在不断增加，由此引起的气候事件和气候灾害无论是频率、强度还是损失情况都有增加趋势（IPCC，2013）。冰冻圈（地球表层由山地冰川、极地冰盖、积雪、冻土、海冰等固态水组成的圈层）是地球上重要的淡水固体水库和水源涵养区，在维系区域生态、工业、农牧业和居民生活用水方面具有重要的保障功能，在造就山地垂直地带景观、稳定生态系统完整性、调节河川径流等方面也扮演着重要角色，特别在一些高山区冰冻圈还是地方经济发展的重要旅游资源（Wang et al.，2010）。然而，冰冻圈却是全球变化最快速、最显著、最具指示性，也是对气候系统影响最直接和最敏感的圈层（秦大河等，2006），冰冻圈变化由此也诱发了寒区各类灾害频繁发生。其中，冰湖突然溃决而引发的溃决洪水或泥石流具有明显的突发性、区域性和难预测性，其灾害严重影响着承灾区居民的生命财产安全，以及寒区交通运输、基础设施、农牧业、冰雪旅游发展乃至国防安全，使冰冻圈承灾体经济社会系统遭到了巨大破坏并潜伏多种威胁，已成为制约世界寒区经济社会可持续发展的重要因素之一。

冰湖溃决洪水（Glacial Lake Outburst Floods，GLOFs）灾害是指在冰川作用区，由于冰湖突然溃决而引发溃决洪水或泥石流，危及居民生命和财产安全并对自然和社会生态环境产生破坏性后果的自然灾害。冰湖溃决洪水/泥石流灾害是气候变化和地震活动等间接因素引发的一种自然灾害，较降雨型洪水/泥石流，冰湖溃决频率较低，预兆不明显，预警难度较大，从而决定了冰湖溃决灾害有小概率、大风险之特性。同时，冰湖溃决型泥石流具有突发性强、洪峰高、流量大、破坏力大和灾害持续时间短但波及范围广等特点，常造成巨大的财产损失和严重的人员伤亡。冰湖溃决灾害风险评估是通过风险分析方法，对尚未发生的冰湖溃决灾害致灾因子强度、灾害规模、受灾程度，进行科学合理的评估。受全球气候变暖的影响，冰湖溃决产生的洪水、泥石流等重大冰川灾害发生频率有所升高，严重地影响着脆弱的山区生态系统和经济社会系统。全球范围内，包括欧洲阿尔卑斯山区（Huggel et al.，2004）、喀喇昆仑山（Hewitt，1982）、冰岛（Tweed and Russell，1999）、安第斯山脉（Carey，2008）、加拿大落基山脉（McKillop and Clague，2007ab）、天山（Mayer et al.，2008）和喜马拉雅山在内的许多山地和国家地区（Bajracharya et al.，2007ab）往往是冰湖溃决灾害的频发区和重灾区。南美洲秘鲁安第斯山地区有记录的 30 次冰川灾害中，冰湖溃决灾害 21 次，占冰川灾害总数的 70%，夺去了接近 30000 人的生命（Kaser and Osmaston，2002；Carey，2005，2008）。

中国与印度、尼泊尔、巴基斯坦和不丹之间的兴都库什 - 喜马拉雅山地区冰湖溃决灾难亦很频繁和严重（Vuichard and Zimmerman，1987），其间分布有 8000 多个冰湖，存在潜在危险性冰湖达 203 个，面积 801.83 km²（Ives et al.，2010；ICIMOD，2011），该区域地处印度洋板块与欧亚板块的接触带，褶皱带内新构造运动强烈，地表提升较为明显、山区各沟域因风化剥蚀，松散物质丰富。同时，该区域地震活动强烈，气候变暖趋势明显。该区下游人口较为稠密，基础设施较为密集，冰冻圈灾害发生概率较高，是冰湖溃决洪水/泥石流灾害发生的主要区域。其中，20 世纪 50 年代，尼泊尔和不丹喜马拉雅山地区冰湖溃决事件大概每 10 年发生一次。90 年代，上升至每 3 年一次。截至 2000 年，冰湖溃决事件频率几乎达到了每年一次（Richardson and Reynolds，2000）。为此，联合国环境发展计划（UNEP）支持国际山地中心（ICIMOD）在兴都库什—喜马拉雅山地区开展冰湖研究工作，现已完成大部分冰湖编目工作，并对全球变暖导致的潜在冰湖溃决洪水及泥石流灾害进行了识别（Ives et al.，2010）。特别是，冰湖溃决引发的泥石流，因突发性强、频率低、洪峰高、流量大、流量过程暴涨暴落和破坏力强及灾害波及范围广等特点，越来越受到关注。

中国境内喜马拉雅山系共发育有冰川 6472 条，冰川面积 8418 km²，冰储量 712 km³（Shi，2008），分别占整个喜马拉雅山系冰川总量的 35.83%、23.98% 和 19.07%。至 2006 年，中国喜马拉雅山区面积大于 0.014 km² 的各类冰湖共有 148 个，其中，90 个为冰碛湖（刘冲，2013）。山区巨大的冰湖数量以及面积的广泛分布和存在是区域气候变化的结果。研究显示，青藏高原过去 30 年升温速率为 0.3℃ × (10 a)⁻¹，是全球升温速率的 2 倍（Zhu et al.，2010；Yao，2010）。1961—2010 年，整个喜马拉雅山区平均升温速率则达到了 0.38℃ × (10 a)⁻¹（张东启等，2012）。近期，该山区显著的变暖趋势已导致冰川加速消融，冰湖稳定性变弱，冰湖扩张迅速。例如，1974—2010 年，喜马拉雅山中西段交界处杰玛央宗冰湖面积扩张明显，由 0.70 km² 扩张至 1.14 km²，增加了 63.7%（刘晓尘和效存德，2011）。20 世纪 80 年代至 2000/2001 年，喜马拉雅中段朋曲流域冰湖总面积增加了 5.477 km²（车涛等，2004）。同期，波曲流域面积大于 0.02 km² 的冰湖数量则增加了 11%，冰湖面积增加了 47%（Chen et al.，2007）。2007 年，喜马拉雅山东段洛扎县面积大于 0.02 km² 的冰湖 53 个，总面积 13.05 km²，较 1980 年，面积增加了 3.08 km²，增加比例高达 30.90%（李治国等，2011）。近 30 年，中国喜马拉雅山区冰湖总数减少了 4%，面积增加了 29%，总体呈现"数量减少、面积增大"态势（王欣等，2010），从而引发多起冰湖溃决灾害。20 世纪 30 年代至 2013 年，西藏自治区有记录的 31 个

3

冰碛湖发生 40 次冰湖溃决事件，并形成不同程度的灾损。其中，24 次冰湖溃决灾害发生在喜马拉雅山区。近 15 年，中国喜马拉雅山区至少发生 7 次冰湖溃决灾害，分别为吉隆县扎那错（1995）、聂拉木县嘉龙错（2002）、康马县冲巴吓错（2000）、洛扎县得嘎错（2002）及得嘎错西北一冰湖（1999）、错那县浪错（2007）和折麦错（2009），造成巨大人员伤亡和财产损失。可以说，中国喜马拉雅山区冰湖溃决灾害极为严重，潜在威胁巨大，理应得到广泛关注。

第二节　研究意义

中国喜马拉雅山区是世界上中低纬度冰冻圈发育最为良好的区域，其冰冻圈环境变化直接影响冰湖溃决灾害的发生。在气候变暖和山区经济快速发展背景下，如何有效应对和适应该区冰湖溃决灾害对山区经济社会系统的影响，已成为学界和当地政府需要面对和解决的重大环境风险问题。而科学认识该区域潜在危险性冰湖的时空动态特征、冰湖溃决灾害链的形成及演化机制、承灾区暴露要素空间分布、承灾体脆弱性、承灾区适应性风险水平，将有效提升潜在危险性冰湖溃决灾害风险评估的系统性和科学性，其研究结果将为喜马拉雅山区冰湖溃决灾害预警预报、应急管理、风险控制与管理提供必要的科学支撑。因此，亟须将冰湖溃决灾害的自然与社会风险视为一个整体系统，利用灾害管理学理论，对冰湖溃决灾害进行全过程风险评价、控制与管理。

冰湖溃决灾害综合风险评估是对尚未发生的冰湖溃决承灾区损失的可能性评定和预估，以往冰湖溃决灾害研究多集中于冰湖溃决机理及其溃决风险（危险性）评估方面，而承灾区暴露要素脆弱性评估及其风险管理研究则很少被纳入其综合风险评估之中，而冰湖溃决灾害往往是由这些因素共同决定的（王世金等，2012）。目前，还未形成一套冰湖溃决灾害综合风险评估、区划与管理的方法体系，这不仅是冰冻圈变化影响研究的主要方向，更是本书着重研究的重要内容和解决的关键性科学问题。针对目前中国喜马拉雅山区众多的潜在危险性冰碛湖，借助现代遥感技术和实地调研，通过合理选取冰湖溃决灾害综合风险评价因子，应用一定数理统计方法，对其冰湖溃决灾害综合风险程度进行系统评估，可为喜马拉雅山区冰湖溃决灾害防灾减灾规划和适应性管理提供理论支撑。本书对冰湖溃决灾害综合风险的评估研究，不仅完善了冰湖溃决灾害预警（预防）、排险、应急、救灾、恢复和适应一体化的风险管理体系，而且将有效加强和提高承灾区公众对冰湖溃决灾害风险的认知水平。另外，本研究对于其他中高纬度冰湖溃决灾害综合风险评估及其冰冻圈其他灾种综合风险评估与适应性管理机制的建立，也具有重要的理论参考价值。

因此，科学合理地评估冰湖溃决灾害综合风险，提出适宜而具有前瞻性的风险管理及适应性管理措施，不仅可以规避和减轻冰湖溃决灾害对山区经济社会系统的影响程度，而且可以提高山区冰湖溃决灾害风险分析水平、成功进行灾害保险、逐渐增强防灾减灾及风险管理能力。本书研究成果不仅是保障山区基础设施安全、指导山区土地与城镇规划、制订防灾减灾规划的必要保障和基础，而且直接关系到喜马拉雅山区经济社会可持续发展，更是国家解决该区域环境风险问题的迫切需要。

第三节　冰湖溃决风险研究进展

冰湖溃决灾害风险评估研究已成为冰冻圈科学研究的重要领域，国内外政界、学界和非政府组织对冰湖溃决灾害风险倍加关注和重视。特别地，在冰湖编目、冰湖变化、冰湖溃决及其次生灾害的形成、机制、危险性评价及预测等研究方面加强重视，并取得了重要进展和较大成果。

一　冰湖分类、编目及其监测研究

冰湖有多种，涉及现代冰川本身的有冰面湖、冰内湖（水体）、冰坝湖（主谷冰川堵塞支谷沟口成湖，支冰川堵塞主谷成湖）（沈永平，2004）。涉及现代冰川退缩的有冰川终碛湖、冰蚀槽谷—冰碛湖、冰斗湖和侧碛阻塞支谷湖等。Liu and Sharma（1988）基于大比例尺地形图，将冰湖分为冰碛阻塞湖、冰斗湖、槽谷湖、冰蚀湖和冰川阻塞湖 5 个基本类型。Chen 等（2007）将冰湖分为冰川终碛阻塞湖（冰碛湖）、冰斗湖、槽谷湖、冰蚀湖和侧碛阻塞湖 5 类。王欣等（2010）将冰湖分为 7 个主要类型，包括冰碛湖、冰川阻塞湖、冰斗湖、冰蚀湖、滑坡体阻塞湖、冰面湖和槽谷/河谷湖。最易形成溃决的冰湖为终碛湖、冰川湖、冰坝湖。按冰碛坝形状及其内部结构可分为微隆式、高隆式、倾覆式和冰—碛混合式 4 种冰碛湖（舒有锋，2011）。20 世纪以来，中国西藏自治区冰湖溃决都是冰川终碛湖（刘晶晶等，2008），见表 1 - 1。

表 1 - 1 冰湖类型划分

划分原则	主类	亚类	特征
坝体类型	冰碛阻塞湖（冰碛湖）	终碛阻塞湖	规模大、破坏大，常形成溃决泥石流
		侧碛阻塞湖	破坏性小于终碛阻塞湖
	冰川阻塞湖（冰坝湖）	主冰川阻塞支谷型	有周期性
		支冰川阻塞主谷型	规模大、破坏大、波及范围广
与冰川接壤关系	冰川后缘湖（冰面湖）	—	规模及溃决概率均小于以上类型
	冰川前端湖	—	同上

冰湖变化与溃决风险监测是冰湖溃决灾害预防和排险的重要举措。通过实地调研和遥感信息手段采集大量的区域冰湖数据资料，不仅可以对区域冰湖进行编目，而且可以进行冰湖变化分析，实时监测冰湖溃决风险发生的可能性。近来，联合国环境发展计划（UNEP）支持国际山地中心（ICIMOD）在兴都库什—喜马拉雅山地区开展了冰湖研究工作，现已完成大部分冰湖编目工作，并对全球变暖导致的潜在冰湖溃决洪水及泥石流灾害进行了识别（ICIMOD，2010）。同时，加拿大英属哥伦比亚西南部山区也已经完成了面积大于 1 公顷的所有冰湖的调查和编目工作（McKillop and Clague，2007b）。

中国对其冰湖编目则起始于 20 世纪 80 年代。1987 年，刘潮海等进行喜马拉雅山中段朋曲和波曲流域冰湖溃决洪水的考察研究，对该地区各种类型的高山冰湖进行调查、编目，对冰湖进行鉴别并估算冰湖溃决洪水的规模，为朋曲、波曲和尼泊尔的孙科西河及其下游的交通和水电设计、施工提供了依据（Liu and Sharma，1988）。徐道明和冯清华（1989）对喜马拉雅山的高原冰湖进行了考察和编目，研究了冰湖的类型以及发生溃决的条件和特征。气候变化背景下冰湖编目及其灾害监测是一个系统工程，需要借助遥感影像、航空影像、数字高程图、GIS 和野外调查等多种手段相结合（Huggel et al.，2004；Quincey et al.，2007）。张帜和刘明（1994）、陈储军等（1996）利用遥感卫片和航片资料等分析手段对西藏年楚河上游冰湖数量、大小和分布进行了普查。车涛等（2004）通过对 2000—2001 年度卫星遥感数据解译结果和 1987 年国际联合考察的朋曲流域冰湖溃决洪水结果的分析，研究了近 20 年来朋曲流域内冰湖的变化。在冰湖编目基础上，识别了有潜在危险的冰湖，为冰湖溃决洪水早期预警系统提供了科学依据。2003 年，西藏自治区地热地质大队开展了《西藏自治区洛扎冰湖调查》。2005 年，西藏自治区地质环境与灾害防治科学研究所开展了《西藏自治区聂拉木县冰湖调查》（吕儒仁等，1999）。Kargel 等（2005）通过 ASTER 影像数据自动搜索提取冰湖水体颜色信息，分析冰湖遥感系列变化情况，解译获取冰湖面积变化信息，为冰湖变化动态监测提供了方法。Chen 等（2010）利用近 50 年叶尔羌河流域冰湖溃决洪水事件与气候变化数据，调查了流域气温与降水的长期变化趋势、冰川洪水特征、突发性冰川洪水原因，结果显示，夏秋季节山区明显的增温加速了冰川的消融速率和冰湖溃决的频率。王欣等（2010，2011）以 20 世纪 70—80 年代的航摄地形图、2004—2008 年的 ASTER 数据（TM 为替代数据）和 DEM 为基础，建立了一整套基于 GIS 技术的冰湖编目规范，并结合中国喜马拉雅山区实际情况，对以往冰湖编目方法进行了修订，调查中国喜马拉雅山区冰湖的数量、类型、分布、不同海拔高度冰湖变化的特征及冰湖—母冰川的相对位置的变化关系等，并探讨了近 30 年来冰湖动态变化规律。李均力等（2011）采用 Landsat 数据，结合 DEM 建立了一种适合于冰湖自动化信息化提取的方案，并对喜马拉雅山地区冰湖进行信息提取，该方案对于冰湖识别、特征分析、冰湖编目和冰湖面积变化分析均有重要意义。

二　冰湖库容和溃决洪水/泥石流洪峰流量估算

作为估算冰湖溃决洪水/泥石流演进模拟的必要参数，冰湖库容量直接影响洪峰流量，洪峰流量则是判断溃决洪水/泥石流规模大小的最重要的测量要素，也将直接影响溃决洪水流经最大距离和淹没最大面积。因此，准确计算冰湖库容量及其溃决洪峰流量十分重要。目前，遥感影像和地形图提取冰湖面积的技术和方法已较为成熟。鉴于冰湖库容量与冰湖面积高度相关，一些学者由此而建立了用以估计冰湖库容及其溃决洪水洪峰流量的大量经验公式（Huggel et al.，2002）。O'Connor 等（2001）建立了冰碛湖库容估算公式：$V = 3.114A + 0.0001685A^2$；而 Huggel 等（2002）通过遥感手段获取冰碛湖面积参数（A），再由经验公式 $V = 0.104A^{1.42}$、$r^2 = 0.92$（V 为冰湖库容，m^3；A 为冰湖面积，m^2）估算了瑞士南部阿尔卑斯山一冰湖库容。Mool 等（2001）利用此公式分别对尼泊尔 5 个冰湖进行了库容计算与对比。姚晓军等（2010）则应用 Hydrobox TM 高分辨率回声测深仪和 Landsat TM 遥感影像，通过构建不规则三角网模拟龙巴萨巴湖湖盆形态，并修整 Huggel（2002）等库容计算公式，得到冰碛湖库容——面积计算公式：$V = 0.0493A^{0.9304}$，$r^2 = 0.9903$（V 为冰湖库容，km^3；A 为冰湖面积，km^2），并利用该公式对喜马拉雅山南坡有实测库容的冰湖进行计算。

冰湖库容与溃决洪峰流量具有高度的相关性（Clarke et al.，1984；Beget，1986）。冰湖坝前上下游水深、坝体和排水类型亦可影响冰湖溃决洪峰流量。Clague and Mathews（1973）首次提出了冰坝湖释放体积（V）与溃决洪峰流量（Q_p）之间的关系，$Q_p = 75 (V/10^6)^{0.67}$。Costa 和 Schuster（1998）利用此公式计算了 1979 年 8 月发生在加拿大英属哥伦比亚省一冰坝湖溃决的情况，但结果高于实测数据，并对其公式进行了修正，修正后公式为 $Q_p = 113 (V/10^{-6})^{0.64}$。Haeberli（1983）提出了利用冰湖库容和时间（t）函数关系来计算冰坝湖溃决最大流量，计算公式为：$Q_p = V/t$（V 为冰坝湖体积；t 为时间常数，这里取 1000s，是根据瑞士阿尔卑斯山区的经验统计值确定，取值范围为 1000s—2000s），并且认为冰碛坝冰湖溃决洪水洪峰流量要高于冰坝湖。Huggel 等（2002）利用冰碛湖溃决型洪水洪峰流量公式 $Q_p = 2V/t$（V 为冰碛湖体积；t 为时间常数，这里取 1000s），对其冰碛湖溃决洪水及泥石流最大排量和流经距离进行了估算。Bohumir Jansky 等（2010）则利用此公式计算了吉尔吉斯斯坦天山彼得罗夫（Petrov）和科尔托（Koltor）冰碛湖溃决洪峰流量。其他不同类型冰湖库容与洪峰流量计算关系如表 1 - 2 所示。其中，克来格—马修斯公式 $Q_p = 75$（V/10^6）$^{0.67}$ 被广泛应用于世界上许多冰川湖泄洪的估算（Young，1980；Sturm and Benson，1985），尤其适合于冰坝下过水道扩大泄洪的冰湖计算。Clague 和 Evans（1994）对比加拿大山脉（Cordillera）天然大坝洪峰流量后，发现一个具有潜能（冰碛湖体积、坝高和水的具体重量的函数）的冰碛湖溃决要比冰湖和泥石坝湖（landslide lake）产生更大的流量。一些学者则根据已溃决冰碛湖的洪痕、最大沉积颗粒粒径、溃决特征参数等信息，提出了不少恢复冰碛湖溃决洪水洪峰的方法。如坡度—面积法（Desloges et al.，1989）、临界深度法、洪积物粒径法、超高水位法和溃决测量法等（王欣、刘世银，2007）。然而，这些公式和方法因受区域性、背景等因素影响而存在诸多差异，局限性很大。

表 1 - 2　　　　　　　　冰湖溃决洪水最大洪峰流量经验估算

大坝类型	关系式	适用区域	历史文献
有通水事件的冰坝	$Q_p = 75$（$V/10^6$）$^{0.67}$ $Q_p = 46$（$V/10^6$）$^{0.66}$	阿尔卑斯地区	Clague and Mathews，1973； Walder and O'Connal，1997
无通水事件的冰坝	$Q_p = V/t_w$ $Q_p = 179$（$V/10^{-6}$）$^{0.64}$ $Q_p = 1100$（$V/10^6$）$^{0.44}$ $Q_p = 0.00077V^{1.017}$	阿尔卑斯地区 北美 阿尔卑斯地区	Haeberli，1983； Desloges et al.，1989； Walder and Costa，1996； Huggel C. K.，2002
冰碛坝	$Q_p = 0.00013P_E^{0.60}$ $Q_p = 0.0048V^{0.896}$ $Q_p = 0.063P_E^{0.42}$	北美 天山北部 加拿大	Costa and Schuster，1988； Popov，1991； Clague and Evans，1994，2000
土石混合坝	$Q_p = 0.72V^{0.53}$	加拿大	Evans，1986

注：Q_{max} 为最大洪峰流量（m^3/s）；V 为冰湖体积（m^3）；t_w 为时间常数（1000s—2000s）；P_E 为冰湖潜能，即坝高、库容和水的具体重量（$9800N/m^3$）的乘积。

　　然而，冰湖溃决时溃决口往往伴有土体加入，因此，溃决体并非单一洪水，而是水与土石混合的泥石流，其洪峰往往是泥石流洪峰，其冰湖溃决泥石流洪峰流量不仅与单一洪水洪峰流量有关，而且还与溃决时加入土石体积以及土石体与水相互作用关系有关。为此，陈晓清等（2004）提出

了冰湖溃决口泥石流洪峰流量 Q_{max} 的表达式:

$$Q_{max}^d = kq_m \text{(适用于瞬时全溃决)} \tag{1}$$

$$Q_{max}^d = kQ_{max}m \text{(适用于瞬时部分溃决)} \tag{2}$$

式中, Q_{max} 为冰川终碛湖溃决口洪水的洪峰流量; k 为考虑土体的洪峰流量系数,主要由加入的土体量决定。按照泥石流的特征,可以用泥石流容重计算:

$$k = 1 + \frac{(\gamma_d - \gamma_w)}{(\gamma_s - \gamma_d)} \tag{3}$$

式中, γ_d 为泥石流体的容重; γ_w 为水的容重,取 10 KN × m^{-3}; γ_s 为泥石流固体颗粒的容重,一般为 26.5—27.5 KN × m^{-3}。

冰湖溃决洪峰流量模拟至关重要,其流量模拟是下游排险、应急、适应的理论基础。冰湖终碛垄类似于土石坝,溃决原因和过程与洪水漫溢土石坝顶造成溃决基本一致。因此,冰湖溃决洪水的计算可以采用常规的溃坝洪水计算方法。目前,冰湖溃决洪水流量计算主要应用的是美国国家气象局(NWS)开发的 BREACH 模型和计算机程序。该模型的溃决方式为从局部薄弱点溃决,并随水流冲刷溃口逐渐扩大。这与冰湖溃决模式极为相似,所以该模型可用于终碛垄溃决计算。模型有 7 个主要部分组成:①溃口形成;②溃口宽度;③库水位;④溃口泄槽水力学;⑤泥沙输移;⑥突然坍塌引起溃口的扩大;⑦溃口流量的计算。该模型曾经用于美国的 TE-TON 坝、秘鲁中部山区的 MANTARO 河滑坡坝等的实测资料进行验证计算。陈储军等(1996)在修正 BREACH 侵蚀模型基础上对西藏年楚河冰川终碛湖溃决洪水进行了估算。Wang 等(2008)利用 BREACH 模型模拟了中国喜马拉雅山龙巴萨巴冰湖溃决口洪水水文特征。但 BREACH 模型只能进行出库水流和溃口形态变化的计算,不能进行下游水流演进计算(姚治君等,2010)。其他用于冰湖溃决洪峰流量的估算模型,还包括美国陆军水文工程中心(HEC)建立的河流分析系统 HEC-1、HEC-2 和 HEC-RAS(Feldman,1981;Hydrologic Engineering Center,1995;Brunner,2002),以及 DAMBRK、FLDWAV、TR-61、WSP2 水力学模型以及 TR-66 简化的溃坝洪水模型(Singh,1996)。其中,DAMBRK 模型在冰湖溃决洪水模拟研究中的应用仅处于起步阶段。在 DAMBRK 模型和 BREACH 模型基础上,美国国家气象局开发出了一款功能更强大的通用的洪流演进过程数值模拟模型

FLDWAV，但在冰湖溃决洪水模拟中尚未见应用（Fread, 1998）。最近，遥感数据和 GIS 软件的有机结合已成为冰湖溃决洪水灾害模拟的一个重要方法（Huggel et al., 2003；Carrivick, 2006）。

三 冰湖溃决洪水/泥石流演进模拟

冰湖溃决具有突发性和爆发性特征，且常伴随着泥石流的发生（刘伟，2006）。理论分析表明，坝体突然溃决后，溃坝洪水向下游传播的流态可分为上游静水区、过渡区、涌波区和下游静水区（吕儒仁和李德基，1986）。然而，冰湖溃决时常有大坝土体加入，从而形成泥石流，其演进有别于单一洪水与传统泥石流，既与单一洪水洪峰流量有关，又与溃决时加入土体量、土体与水相互作用关系以及沟道坡度等地形条件有关（Corominas, 1999；Huggel et al., 2002；Lancaster et al., 2003）。冰湖溃决洪水/泥石流演进模拟主要集中在溃决洪水/泥石流最大体积、最大演进距离和最大淹没面积的计算。

最大泥石流体积估算常被用以下游区修建滞洪区及其他预防泥石流灾害建筑设计的理论基础。溃决洪水引发的泥石流最大体积影响泥石流冲出距离和淹没面积。冰碛坝溃决产生的泥石流占泥石流总量的很大一部分。因此，溃决泥石流体积估算需要对来自冰碛坝侵蚀产生的沉积物质进行估计。Hagen（1982）基于混凝土坝和土坝数据，提出了溃决体积、冰碛坝高度、冰湖库容之间的经验关系式。然而，此经验关系式在对调查加拿大英属哥伦比亚省 Nostetuko 湖溃决泥石流体积（$1.2 \times 10^6 \, \mathrm{m}^3$）进行估计时，却低估了 50%（Blown and Church, 1985），同时高估了加拿大英属哥伦比亚省 Klattasine 冰湖和低估了美国俄勒冈州两个冰碛湖溃决产生的泥石流体积（Clague et al., 1985；O'Connor et al., 2001）。Huggel 等（2004）推荐用观测到的最大溃决断面面积乘以冰碛坝宽度去保守估计溃决产生的泥石流体积。McKillop 和 Clague（2007b）为了通过遥感监测冰碛坝规模和溃决截面面积估算溃决产生的泥石流体积，提出了下面的表达公式：

$$V_b = W(H_d^2/\tan\theta) \tag{4}$$

式中，V_b 为溃决产生的泥石流体积（m^3），W 为从湖岸至背水坡冰碛坝末梢的宽度（m），H_d 为冰碛坝末梢至湖面的高度（m），θ 为溃决处边坡坡度（°）。然而，公式（4）基于溃决体是一个三棱锥的假定，其输出值具有保守性。利用该公式将过高估计加拿大英属哥伦比亚省 Klattasine 冰湖溃决产生的泥石流体积（Clague et al.，1985）。

当冰湖溃决泥石流流经下游区时，沟床和沟岸物质夹带至泥石流可能会导致泥石流体积数量级的增加（King，1999；O'Connor et al.，2001），而泥石流的夹带效率依赖于沟道倾斜度、宽度、深度、植被、沟床和沟岸物质，以及溃决泥石流体积（Hungr et al.，2005）。为此，McKillop 和 Clague（2007b）在修订 Hungr 等（1984）沟道泥石流产出率经验公式的基础上，提出了以平均梯度、沟道基岩物质、沟道侧坡物质、沟道泥石流产出率为评判标准的 5 类沟床类型的泥石流产流方法，用以量化冰湖溃决泥石流流经不同沟道时的夹带沉积物速率（泥石流产流率），并提出了利用泥石流产流速率估算冰碛坝下游范围夹带沉积物体积计算公式：

$$V_r = \sum [A_i^{1/2} L_i e_i] \tag{5}$$

式中，V_r 为在冰碛坝下游沟道流域夹带沉积物体积（m^3）；A_i 为第 i 个沟床段流域面积（km^2）；L_i 为第 i 个沟床段长度（km）；e_i 为第 i 个沟床流域侵蚀系数（$m^3/cm \times km$）（Hungr et al.，1984）。由此，可以公式（6）来计算冰湖溃决产生的最大泥石流体积，其公式如下：

$$V_m = V_b + V_r \tag{6}$$

式中，V_m 为最大泥石流体积（m^3），V_b 为溃决产出泥石流体积（m^3），V_r 为沟道流域泥石流夹带沉积物的体积（m^3）。

冰湖溃决演进距离和最大淹没区模拟是冰湖溃决灾害分区研究的基础。大量的地形因素和水力因素都会影响泥石流流经距离，例如，在沟道弯道处，泥石流动量可能被耗尽，在沉积区碰到诸如大树之类的障碍物时泥石流可能会迅速减速，在泥石流前部若存在大的死木质残体也会增加泥石流流动的摩擦阻力（Corominas，1996；Landcaster et al.，2003）。溃决泥石流最大演进距离受制于溃决泥石流体积、地形条件。Rickenmann（1999）首先提出了泥石流体积（V）、溃决口与沉积点间的垂直距离差（Z）与泥石流演进距离（L）之间的经验公式：$L = 1.9V^{0.16}Z^{0.83}$。

冰湖溃决引发泥石流演进距离有时也采用冰湖溃决始发区至洪水泥石流最远沉积点平均坡度表达。冰湖溃决在演进过程中，若演进坡度 θ 大于

11°（$\tan\theta=0.19$）或下游平均比降 >30‰且沿途松散堆积物丰富，则会演变成溃决泥石流。在瑞士阿尔卑斯山区，已观测到发生冰湖溃决引发泥石流演进路径的最小平均坡度为 11°（Haeberli，1983，2002）。在瑞士，与冰湖溃决不相关的冰缘泥石流演进路径也显示出了 11°的最小平均坡度（Rickenmann and Zimmermann，1993）。许多学者（Hungr et al.，1984；Clague and Evans，1994；Huggel et al.，2002；McKillop and Clague，2007ab）在观测加拿大西部和阿尔卑斯山冰湖溃决和分析历史资料的基础上，认为冰湖溃决洪水产生泥石流的沟道平均坡度阈值应为 10°。

冰湖溃决洪水的演进距离较溃决泥石流较难确定（泥石流可以突然停止），通常用冰湖溃决洪水潜在危害最大距离来表示。在阿尔卑斯山的经验发现，冰湖溃决洪水潜在危害最大距离相应的平均坡度介于 2°—3°（Haeberli，1983）。在喀喇昆仑山或不丹，流经距离甚至超过 200km（Hewitt，1982；Reynolds，2000）。Huggel 等（2003）基于 GIS 技术（Arc/Info 中的路径函数算法）和 DEM 数据提出 MSF 和 MF 模型，模拟冰湖溃决"最坏"情景下泥石流淹没的大致范围，但其结果不直接指示任何数量信息。定量估算冰湖溃决泥石流淹没最大面积一般以估算泥石流体积为基础。Griswold（2004）提出了溃决泥石流最大可能淹没面积（B_m，m^2）的经验公式 $B_m=20V^{2/3}$（V 为溃决泥石流体积，m^3）。

利用基于能量平衡的步推回水法一维水动力学恒定流模型（step - backwater）（Chow，1959；Hydrologic Engineering Center，1995）同样可以模拟冰湖溃决洪水/泥石流演进过程。步推回水法模型原理是溃决洪水上游断面能量与下游断面能量和两断面能量损耗之和相等，其损耗主要指在沟道的摩擦与转移能量损耗。利用该模型可以计算洪水水面线高度，其水面线高度是洪水流量、沟道糙度和沟道几何形状的函数。一些学者（Benito，1997；Jarrett and Malde，1987；O'Connor，1993）曾利用步推回水法模型重建了更新世冰坝湖溃决洪水流量。Daniel 等（2001）利用步推回水法模型估计了 1977 年 9 月 3 日和 1985 年 8 月 4 日尼泊尔西北部珠峰区冰湖溃决洪水的洪峰流量，溃决洪水最大流量为 1900 m^3/s，是通常情况下流量的十几倍。然而，山区地形极为复杂，冰湖溃决洪水具有强非恒定特性，显然用恒定流模型研究此类问题稍有不妥。另外，古洪水水力地理学则通过确定和利用

13

由过去洪水造成的侵蚀（摩擦冲蚀线、植被擦痕、泥沙线路）、沉积特征（平流沉积、残骸堆积、飘石）古进程指标（PSIs）和非洪水路径指标去描绘洪水水面的可能高度和估计这些洪水的规模大小（Baker，1987）。一些学者（O'Connor and Baker，1992；O'Connor and Webb，1988）结合古洪水进程指标PSIs，利用步推回水法（step‐backwater）模型计算洪水水面线，还可以重建洪水流量和洪峰流量。虽然冰湖溃决洪水/泥石流沿途传播已经建立了相关算法，但是冰湖溃决溃口流量过程是溃口形状变化的函数，且该函数一般是非线性的，如何较为精确地给出这种函数关系需要做进一步研究。同时，溃决洪水常伴有泥石流和大量冰块。因此，冰湖溃决演进模拟应需与泥沙冲淤计算项耦合（姚治君等，2010）。

四　冰湖溃决概率预测

冰湖溃决概率是冰湖潜在排水的可能性，灾难性的冰湖溃决往往具有不确定性。冰湖溃决概率较难确定，不仅因为较难估计灾难性的冰湖溃决的复发间隔，而且稀有的冰湖溃决事件也限制了人们对溃决进程的认识和理解，同时，众多可能的触发机制以及冰碛坝形成与结构的多样性也妨碍了人们对它的确定性分析（Richardson and Reynolds，2000）。冰湖溃决概率和复发期预测是下游区土地空间规划和防灾救灾政策及措施制定的基础。在特定的沟道和区域，估算冰湖溃决泥石流发生概率 P 的普通方法是利用二项式公式（Jakob，2005）：$P = 1 - (1 - 1/T)^n$，这里 T 为冰湖溃决泥石流复发期。然而，该方法却不能预测非周期性冰湖溃决事件。冰碛坝冰湖溃决概率随时间也许是变化的。在冰湖形成以后，冰湖溃决概率三个触发因子也许是变化的，如冰碛坝高宽比（虽湖面水位波动）、冰湖面积（随冰川前进或后退）、冰碛坝内是否存在冰核。灾害评价因此必须要修订其变化条件。Huggel 等（2004）提出了 5 因子列表方法用以定性导出瑞士阿尔卑斯山冰碛湖溃决概率。Mckillop 和 Clague（2007b）以加拿大西南海岸山脉175 个冰碛湖 18 个候选预测因子的遥感监测值为基础，根据逻辑回归方法，提出了一个基于 4 个参数的冰碛湖溃决风险（P）概率方程式：

$$P = \{1 + \exp - [\alpha + \beta_1 (M\_hw) + \Sigma\beta_j (Ice\_core_j)$$
$$+ \beta_2 (Lk\_area) + \Sigma\beta_k (Geology_k)]\}^{-1} \tag{7}$$

式中，α 为截距，β_1、β_2、β_j、β_k 分别为湖面距坝顶高度与湖坝宽度之比（M_hw）、冰碛坝内是非存在冰核（Ice_$core_j$）、冰湖面积（Lk_area）和冰碛坝主要岩石结构（$Geology_k$）的回归系数。其中，当冰碛坝内存在冰核时，Ice_$core_j$ 取值为 1；当无冰核时，Ice_$core_j$ 取值为 0。当冰碛坝主要岩石类型为花岗石、火山岩、沉积岩和变质岩时，$Geology_k$ 取值为 1；若为其他类型时，$Geology_k$ 取值为 0。McKillop and Clague 并由此提出了溃决风险的等级划分，很低（<6%）、低（6%—12%）、中等（12%—18%）、高（18%—24%）和很高（>24%）5 类。

五　冰湖溃决危险性评估研究

诱发冰湖溃决并引起地质灾害的因素很多，也较复杂，为了综合分析各类影响因素，就需要建立科学合理的判别模式和评价体系，以识别冰川终碛湖溃决的危险性。由于调查手段和方法的限制，评价方法目前还处于发展阶段，不够完善。不同的学者根据所研究地区已溃决冰碛湖的特点提出相应冰碛湖溃决风险评价指标体系。根据冰湖溃决历史事件及其环境背景，目前冰湖危险性评价主要为定性的直接判别法和定量的危险性指数法（陈晓清等，2004）。近年来定量估算冰碛湖溃决风险研究也取得了较大进展。吕儒仁等（1999）将冰湖溃决危险性指数定义为危险冰体的体积与冰湖水体体积比值的倒数（I_{di}），即 $I_{di}=1/R$，R 值越大其发生溃决的概率越小。Yamada（2003）、McKillop 和 Clague（2006，2007ab）在筛选冰碛湖溃决参数时，根据评价对象把评价指标分为冰碛湖参数、冰碛坝参数、母冰川（形成冰碛湖的冰川）、冰湖盆参数以及他们之间的相互关系，并建立基于遥感数据基础上的冰碛湖溃决风险概率方程。Walder 等（2003）以入湖物质量与湖水体积的比率（H）来判别冰碛湖溃决风险的高低，当 H=1/1—1/10 时，冰碛湖将完全溃决；H=1/10—1/100 时，冰碛湖溃决风险很高。Wang 等（2011）在选取母冰川面积、冰舌末端与湖岸距离、坡度、冰碛坝背水坡平均坡度、母冰川冰舌部分坡度五个因子作为潜在危险冰湖的判别依据基础上，建立了青藏高原东南部伯舒岭冰湖潜在性危险评价的一阶条件方法。综合以往研究结果，可以将冰湖溃决自然系统风险评价指标体系归纳，见表 1-3。

表 1 - 3 　　　　　　　　　　冰湖溃决危险性潜力评价体系及其标准

评价对象	评价指标（单位）	利于溃决变量描述	数据来源	参考文献
冰碛湖	湖面海拔（m）	？	地形图/遥感数据	Huggel et al.，2002
	面积（km²）	适中（$10^5 m^2$ 量级）	地形图/遥感数据	吕儒仁等，1999；Mckillop and Clague，2006
	冰湖储水量（m³）	$>10^6$	经验公式估算	吕儒仁等，1999
	冰湖增大速率	？	遥感数据	Huggel et al. 2002
冰碛坝	终碛堤坝顶高度（m）	<60	地形图	吕儒仁等，1999
	终碛堤坝顶宽度（m）	< 60	实地考察/测量	陈晓清等，2004
	终碛堤坝高宽比（%）	<0.2	地形图	Clague and Evans，2000；Huggel et al.，2002，2004
	终碛堤坝顶至末端坡度（°）	？	地形图	Chen et al.，1999
	终碛堤坝背水坡坡度（°）	>20	地形图	吕儒仁等，1999
	终碛堤坝是否发生管涌	发生管涌	实地考察/测量	WECS，1987
	坝中是否存在融化冰核	是/否	实地考察/测量	Mckillop and Clague，2006
	终碛堤坝岩石组分	沉积或火山岩	实地考察/测量	Mckillop and Clague，2006
	终碛垄堤坝细颗粒（<2mm）含量	20 - 30%	实地考察/监测	陈宇棠，2008
	终碛堤坝植被覆盖状况	无植被	遥感数据	Costa and Schuster，1998
	坝岩石是否固结/变质	为固结/变质	实地考察/测量	Mckillop and Clague，2006
	坝溃决或破裂迹象	有/无	遥感数据	Huggel et al.，2002
	终碛堤坝类型	冰/冰碛/基岩	实地考察/测量	Huggel et al.，2002，2004
母冰川	母冰川冰舌类型	前进/后退	遥感数据	Huggel et al.，2002
	母冰川面积（km²）	>2	遥感数据	吕儒仁等，1999
	积雪区平均纵坡	>8	遥感数据	吕儒仁等，1999
	冰舌段坡度	>8	遥感数据	Alean，1985
	母冰川冰舌裂隙发育状况	裂隙发育	遥感数据	Ding and Liu，1992
	母冰川冰舌裂隙带宽度（m）	？	遥感数据	Lliboutry，1997；Richardson and Reynolds，2000

续表

评价对象	评价指标（单位）	利于溃决变量描述	数据来源	参考文献
湖盆	湖盆面积（km²）	?	遥感数据	Costa and Evans, 1994
	上游不稳定冰湖	有	遥感数据	Huggel et al., 2003
	湖盆平均坡度（度）	>7	地形图	吕儒仁等，1999
	冰碛坝下游集中落差（m）	>10	地形图	张帆和刘明，1994
冰湖坝、母冰川关系	湖面至冰碛坝顶最低点距离（m）		航空摄影	Blown and Church, 1985
	湖水位距坝顶高度与坝度之比	0	遥感数据	McKillop and Clague, 2007
	湖与母冰川冰舌垂直距离（m）	?	遥感数据	Singerland and Voight, 1982
	湖与母冰川冰舌水平距离（m）	<500	遥感数据	Ding and Liu, 1992；吕儒仁等，1999
	湖岸与母冰川冰舌坡度（°）	?	遥感数据	Ding and Liu, 1999
触发机制	极端气温与降水	高温多雨/高温干旱组合	气象数据推算	吕儒仁等，1999；Huggel, et al. 2004
	有无相互连接湖泊	有/无	遥感数据	Huggel et al., 2002
	有无冰/雪崩及滑坡体进入湖泊	是/否	实地考察/测量	Evans, 1987；Huggel et al. 2002
下游沟谷	下游沟床比降（%）	?	地形图	陈晓清等，2004

注释："?"表示利于溃决的指标目前还没有明确的描述。由于冰碛湖不易到达，尽可能不选用实地考察/测量结果。

六　研究述评

冰湖溃决灾害风险评估是对指定范围面积内，冰湖溃决洪水灾害发生的时空条件和可能造成的危害、损失所做出的各种分析与判断，它包括区域易发性、危险性、易损性和风险性等方面的评价。冰湖溃决灾害是气候背景下冰冻圈过程变化对经济社会系统的最直接影响，其研究是冰冻圈科学体系的重要内容及其研究方向。冰湖溃决的发生，是冰湖区地形地貌条件和气候背景两者综合作用的产物，溃决危险性冰湖往往具有冰川地貌陡倾（冰舌至冰湖坡度、沟道坡度）、冰川活动频繁（冰川跃动、冰滑坡和强烈消融）、湖盆规模较大、冰碛堤稳定性（坝宽高比、背水坡坡度和冰碛物平均粒径）较差以及气候湿热等特点。冰湖溃决灾害评价研究进程或步骤主要包括：（1）潜在危险性冰湖辨识；（2）冰湖溃决风险分析；（3）冰湖库容及洪峰流量估算；（4）冰湖溃决洪水和泥石流判别；（5）冰湖溃决泥石流最大流经距离、最大泥石流体积和最大淹没区面积估算。

总体而言，冰湖溃决灾害风险评估在其特征、机理、模拟等研究方面取得了较大进展，在研究方法上，则经历了由野外观测到3S技术与野外观测相结合、从历史与现状分析向预测与研究相结合、从定性分析趋向定量研究、由经验估算到基于物理过程的建模模拟、由单项要素分析趋向综合要素评价转变的发展历程。同时，灾害评价方法也由传统的成因机理分析和统计分析向多种评价方法相结合发展，其研究为今后冰冻圈灾害研究积累和奠定了坚实的理论基础。

尽管以往冰湖溃决灾害风险评估研究进展显著，但仍存在一些不足：（1）以往冰湖溃决灾害风险评估研究过多集中于冰湖溃决特征、机理及其溃决风险研究，片面追求评价数学模型的复杂性，忽视对形成机制的深入分析和规律认识，把评价的准确性寄托于模型复杂性而不是评价机制的合理性。（2）以往冰湖溃决灾害评价因子遴选主要依赖数据的可获得性，而非根据形成机制的需要而决定评价因子。（3）以往研究缺乏对承灾区暴露性、脆弱性和适应性风险的研究。同时，区域冰湖溃决灾害综合风险评估与区划研究也较为匮乏。陈晓清等（2004）、黄静莉等（2005）则将峡谷下游居民和基础设施纳入了冰湖溃决危险性的定性评价体系，并提出了流域冰湖溃决危险性评价技术路线，但并未将下游承灾区风险评估定量化，同时也未形成完整的冰湖溃决灾害风险定量评价体系。

冰湖溃决灾害是冰湖溃决致灾因子、孕灾环境、承灾体共同作用的结果，存在大量的不确定性和模糊性，诱因很多，亦很复杂，其诱因相互影响、相互制约，进而决定了冰湖溃决灾害具有突发性、区域性、难预测性和破坏力大等特点。尽管以往冰湖溃决机理研究成果丰富，各级政府投入了大量财力物力，但灾损依然很大，部分冰湖溃决甚至危及下游国家山区安全。可以说,在某种程度上,"冰湖溃决灾害自然学科基础研究与社会学科需求研究相互分割、前因与后果研究相互脱节",是造成这种结果的重要原因。特别是,对冰湖溃决灾害发生的关键性控制因子及其对冰湖溃决影响过程、灾害风险机理的系统认识还显不足,面对冰湖溃决灾害预警预报、应急管理、风险控制及其管理等方面仍缺乏必要的科学支撑。

冰湖溃决并非意味着冰湖溃决灾害的发生。当冰湖溃决事件作用于承灾体,并致使其遭受破坏或损失时,才能形成冰湖溃决灾害。冰湖溃决灾害具有自然属性和社会属性两个方面,其灾害是自然与社会环境共同作用之结果。冰湖溃决灾害主要受控于冰湖溃决危险性自然条件,而承灾区承灾体脆弱性风险则是决定冰湖溃决灾害形成的社会条件(王世金等,2012)。冰湖溃决自然风险较难克服,但通过降低承灾体暴露性、减小承灾体易损性及其提升承灾区防灾减灾能力(如预警预报、灾害准备金、防灾工程、医疗条件、应急管理能力、灾害保险率等)则可减小或规避冰湖溃决灾害之自然风险。过去主流观点强调灾害发生的自然属性机理研究,但目前灾害风险辨识、风险控制、防灾减灾已逐渐成为关注焦点,这种主动积极的灾害风险评估与管理必将有助于规避和减轻冰湖溃决灾害对其承灾区的潜在影响。

第四节　研究思路与内容

本书以中国喜马拉雅山区为典型案例区,以潜在危险性冰碛湖为主要研究对象,通过文献资料及野外调研,借助多源多时相遥感影像及基础地理信息本底数据、气候背景、社会经济及其历史灾情基础数据,以冰湖溃决历史灾情分析为基础,以统筹冰湖溃决致灾区、演进区、承灾区风险研究为切入点,综合分析冰湖溃决灾害发生的自然社会背景,辨识溃决灾害风险形成的关键性控制因子,建立了典型潜在危险性冰湖溃决预测模型。通过专家咨询、层次分析(AHP)、熵权系数法和加权综合评价法的综合集成,建立喜马拉雅山区潜在危险性冰湖溃决灾害综合风险评估体系,并对其进行综合评估与等级区划。在此基础上,根据评估结果,以"以人为本,预防为主、避让与治理相结合"为原则,建立了冰湖溃决灾害群测群防综合风险管理与控制体系。

本书研究内容主要包括以下八个方面：

第一章：绪论。明晰了冰湖溃决灾害的危害及其在全球的空间分布，综述了喜马拉雅山区典型区冰湖变化动态特征，提出了当前冰湖溃决灾害研究的不足之处，进而阐明在喜马拉雅山区进行冰湖溃决灾害综合风险评估的重要性及其现实意义。同时，系统评估了以往在"冰湖分类、编目及其监测、冰湖库容和溃决洪水/泥石流洪峰流量估算、冰湖溃决洪水/泥石流演进模拟、冰湖溃决概率预测、冰湖溃决危险性评估"等研究方面的进展，并对其研究进行了述评。

第二章：研究区、数据与方法。较为系统地说明了研究区区位、气候条件、地形地貌、地质构造、地质构造、水文条件、经济社会概况等研究区基本地理及其社会特征，并对遥感影像、气象等数据来源进行了说明，同时，明晰了本书遥感影像解译方法以及冰湖溃决灾害综合风险评估方法。

第三章：冰湖溃决灾害及其致灾机理。以中国喜马拉雅山区为典型案例区，以潜在危险性冰湖为主要研究对象，系统分析冰湖溃决灾害时空规律及孕灾环境动态特征，揭示其冰湖溃决灾害风险形成的关键性控制因子。

第四章：中国喜马拉雅山区冰湖时空动态变化。借助多源多时相遥感影像、地形图及相关文献，对研究区潜在危险性冰湖进行辨识，系统分析其时空动态变化特征。

第五章：冰湖溃决的预测模型构建及其应用研究。通过对喜马拉雅山地区 29 个冰湖样本进行逻辑回归分析，建立了冰湖溃决的预测模型，并对所有样本进行了交叉验证。以喜马拉雅山地区黄湖为例，把湖水面距坝顶高度与坝高之比作为冰湖溃决的诱变指标，分析了冰湖溃决可能性大小的变化规律。

第六章：冰湖溃决灾害风险评估体系构建。通过冰湖溃决灾害形成的关键性控制因子分析，建立了集"冰湖溃决危险性、暴露体暴露性、暴露体脆弱性与承灾体适应性"于一体的冰湖溃决灾害风险评估体系。

第七章：冰湖溃决灾害综合风险评估与区划。根据冰湖溃决灾害综合风险评估体系，通过 GIS 技术、层次分析、熵权系数法和多目标线性加权综合评价的综合集成，系统评估了研究区冰湖溃决灾害的综合风险程度。

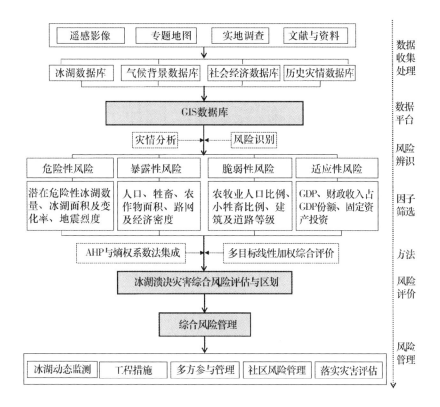

图 1-1 技术路线

第八章：冰湖溃决灾害综合风险管理与控制。根据评估结果，围绕"以人为本，预防为主、避让与治理相结合"原则，建立了集"冰湖溃决灾害预警预报、风险规避、风险处置、群测群防"于一体的多目标、多方式的综合风险管理与控制体系，以减少溃决灾害的发生概率、强度和灾损。

第二章　研究区、数据与方法

中国喜马拉雅山区地理与气候背景特殊，是全球冰湖溃决灾害的频发区与重灾区，研究此地区的冰湖溃决灾害综合风险评估与管理具有一定的典型性，其研究主要涉及的数据与资料包括历史灾情、地理基础数据、多源多时相遥感影像、地震数据、经济社会数据等，其方法主要包括遥感解译方法、综合评价方法和风险管理方法等。

第一节　研究区概况

一　区位

中国喜马拉雅山位于青藏高原南部，在世界上超过8000 m的14座山峰中，有10座分布在这里，是全球海拔最高、高差最大、延展最长的山脉，堪称"世界屋脊"。喜马拉雅山脉横贯中国西藏自治区和印度、不丹、尼泊尔、巴基斯坦等国，东起中国雅鲁藏布江大拐弯处的南迦巴瓦峰（29°37′51″N—95°03′31″E，海拔7756 m）附近，西至帕米尔高原的南迦—帕尔巴特峰（巴基斯坦克什米尔境内，35°14′21″N—74°35′24″E，海拔8125 m），从东向西连绵不断横亘2400 km，宽200km—300km不等，平均高度6000 m（图2-1），总面积约为258983 km²。中国喜马拉雅山地区涉及西藏自治区林芝、山南、日喀则和阿里等4个地区的20个县。

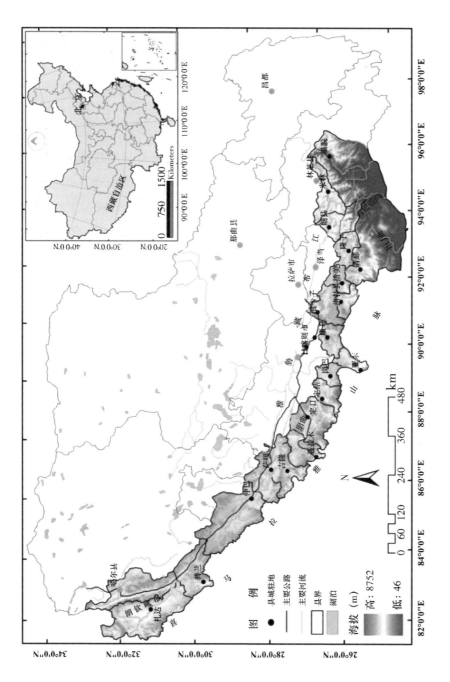

图 ···· 喜马拉雅山位区及其海拔高程

二 气候与植被

喜马拉雅山地区位于西藏高原南部，在高空西风带北移和东南部盛行风向偏南的环流影响下，印度洋暖湿气流大多被高耸的喜马拉雅山脉所阻挡，只有少部分气流沿着南北向谷地深入高原腹地，从而在喜马拉雅山脉南坡和南迦巴瓦峰地区出现温暖多雨天气。冬季气候受对流层的副热带西风带、极地西风带和平流层西风带等干冷西风带的控制，气候寒冷，干燥少雨，多大风。总体上，喜马拉雅山主要受西风急流和印度季风的控制。春季，西风急流山南并向北跃迁。秋季，则从山北向南跃迁（李生海等，2011）。西段主要是西风环流带来的降水，而中段、东段季风是主要的降水来源（Burbank et al.，2012）。根据喜马拉雅山区及邻近 11 个台站 1971—2011 年（部分为 1991—2011）气温降水观测数据，采用统计学中的普通克里格插值方法，生成年均气温降水插值图，如图 2-2 和图 2-3 所示。

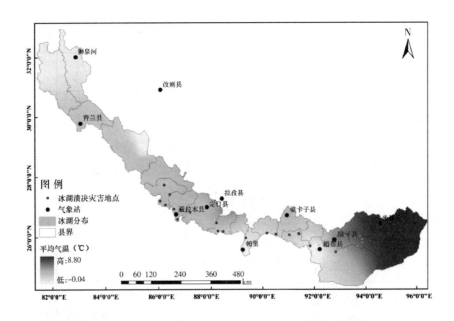

图 2-2 喜马拉雅山区平均气温空间分布

喜马拉雅山地区南北两侧的降水量平面分布非常不均匀，位于南坡聂拉木县樟木镇与聂拉木县城只相距 30 km，县城最近 6 年年平均降水量仅有 586.8

mm，而樟木镇年平均降水量却接近 3000 mm。东段降水量是西段的 4 倍。研究区横向跨越经度 17°，纵向跨越纬度 6°，区域气候分异十分明显，主要有热带、温带与寒带 3 种气候类型，具体可划分为以下 5 个气候带（童立强等，2013a）。

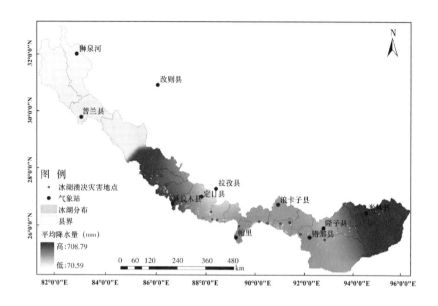

图 2 - 3　喜马拉雅山区平均降水空间分布

（1）喜马拉雅山南翼亚热带—热带湿润—半湿润气候带：该类型在调查区主要在墨脱、米林、隆子、错那、亚东等县南部和聂拉木县樟木镇的南面。年平均温度为 12—24 °C，最暖月平均温度为 18—24℃ 及以上，年极端最低气温多年平均值为 5—10℃。降水充沛，多在 1000—2500mm 及以上。干燥度 < 1.0。

（2）雅鲁藏布江中下游流域温带湿润、半湿润气候带：该类型在调查区主要包括朗县、米林县大部分、隆子西南部、错那北部、洛扎中南部、亚东中部、聂拉木中部及吉隆中部。气候比较温暖湿润。年平均气温为 5—8 °C，≥0 °C 积温为 2500—3000℃，≥10℃ 天数在 100 到 160 之间。年降水量 400—500 mm，东部多于西部。主要集中在 6—9 月，占全年降水量的 90% 左右，最多达 95%。且多夜雨，夜雨率为 80% 之多，拉萨、日喀则等地竟高达 85%，是全区的多夜雨中心。

（3）喜马拉雅山北麓高原温带干旱、半干旱气候带：该类型在研究区分布最广，主要包括措美、浪卡子、康马、岗巴、定结、定日、隆子西北部、洛扎北部、吉隆北部、聂拉木北部、萨嘎东部等地区。区内主要植被为草原草甸，气候温凉较干，属半农半牧区。区内年均温度2—5℃，≥0℃积温只有1500—2000℃，≥10℃日数为50—100，年均降雨量不足300 mm，80%集中在6—9月，且多夜雨。

（4）阿里南部高原亚寒带半干旱气候带：该类型主要分布在仲巴、普兰西南部、萨嘎西北部。天然植被为高原荒漠草甸，年均降水量100—200mm，从东向西减少。年均气温1—3℃，≥0℃的积温1500—2000℃，≥10℃的天数约为90。

（5）阿里高原亚寒带干旱气候带：该气候类型主要分布在噶尔、札达、普兰西北部等地。区内年均降雨量100—200 mm，年平均气温−2—0℃，≥0℃积温900—1400℃，≥10℃的天数约为80。

喜马拉雅山南坡从海拔仅2000m的河谷上升到8000m的山峰，河谷水平距离不过几十公里，自然景象却迅速更替：低处温暖湿润，常绿阔叶林生长得郁郁葱葱，形成常绿阔叶林带；海拔升高，气温递减，喜温的常绿阔叶树逐渐减少，直至消失，而耐寒的针叶树则渐增加，在海拔2000 m以上为针叶林带；随着海拔的增高，热量不足，树木生长困难，由灌丛代替森林，出现灌丛带；在海拔4500m以上为高山草甸带；海拔5300m以上为高山寒漠带；更高处为高山永久积雪带。已有研究表明：喜马拉雅山泥石流流域总体上植被覆盖较差，52%的泥石流流域内的植被覆盖小于10%。泥石流流域面积与植被覆盖度呈负相关。总体上，植被发育差的区域更易发生泥石流（童立强等，2013b）。

三　地形地貌

举世闻名的喜马拉雅山脉呈近东西向弧形展布于西藏高原南侧，由西瓦利克山、小喜马拉雅、大喜马拉雅等几条相互平行的山体组成，是地球上最年轻和最雄伟的褶皱山系，其同位素年龄只有10—20 Ma。山脉绵延长约2400 km，平均海拔6000 m左右。其中，海拔超过7000m的高峰有50多座。山势陡峻雄伟，山峰林立，是世界上海拔最高的山脉，全世界海拔高度在8000 m以上14座高峰中喜马拉雅山就拥有10座。其中，中国境内及中尼边境就占 5 座（表 2-1）。

表 2-1 　　　　　　中国喜马拉雅山脉海拔高度在 8000 m 以上的山峰

山　　峰	高程（m）	地理位置	所在省区	首次登顶
珠穆朗玛峰	8848	27.9° N, 86.9° E	中尼边界，一侧属西藏定日县	1953 年英国人埃德蒙·希拉里、丹增二人首次登顶
洛子峰	8516	27.9° N, 86.9° E	中尼边界，一侧属西藏定日县	1956 年瑞士人弗利莱姆·卢嘉格尔姆和艾尔斯托姆·莱索姆二人首次登顶
马卡鲁山	8463	27.9° N, 87.1° E	中尼边界，一侧属西藏定日县	1955 年法国人摩西捷利和基坦克等 9 人首次登顶
卓奥友峰	8201	28.0° N, 86.6° E	中尼边界，一侧属西藏定日县	1954 年奥地利人基希和尼泊尔人潘辛铭等四人首次登顶
希夏邦马峰	8012	28.3° N, 85.7° E	西藏聂拉木县境内	1964 年中国人许竞、张俊岩和王富洲等 10 人首次登顶

中国喜马拉雅山地区（含印度实际控制区）地形海拔的分布特征，4000 m 以上海拔高程的占全区的 70.33%，4000 m 以下海拔高程的占 29.67%。地貌类型以极高山和高山地貌为主，分别占 29.5% 和 45.9%；中山地貌占 16.9%；低山丘林地貌所占比例较小，仅为 7.70%（舒友峰，2010）。区内山体海拔一般在 5000—7000 m，相对高差 3000 m 左右，最大可达 4000 m 以上。研究区地势南西和北东两侧高，中西部低。北东部为冈底斯山脉和阿依拉日居山脉，相对高差为 1000—1500 m；西南侧国界线附近为喜马拉雅山脉，其中海拔 6000 m 以上的山峰有 30 余座，相对高差一般为 1500—3000m，最高峰为中部卡美特山，海拔 7342 m，最低点位于象泉河谷地一带，海拔高度约 2800 m，最大高差达 4500 m。阿里地区西南部札达县地势较低，平均海拔 4000 m，但河流深切，谷深崖陡。其中，扎达土林是远古受造山运动影响，湖底沉积的地层长期受流水切割，并逐渐风化

剥蚀，从而形成的特殊地貌。喜马拉雅山东段最高海拔南迦巴瓦峰高 7782 m，世界上第一大峡谷雅鲁藏布江环绕南迦巴瓦峰，该区地势切割十分强烈，形成了西藏自治区东部壮观的高山峡谷地貌。

四 地质构造

研究区是一个经历了多期、多层次复杂构造变形的年轻造山带，受强烈地质构造的影响，尤其是新构造运动的影响，岩层十分破碎，各类松散堆积物十分丰富，局部堆积物厚度超过数百米，为冰湖灾害的发生提供了丰富的物源条件。

研究区山体主要呈北西—东南方向延伸，属于冈底斯（昂龙岗日）北西西向构造带。该构造带主体与冈底斯—念青唐古拉弧形构造带相连，属帕米尔—喜马拉雅"歹"字形构造体系的一部分。多条断裂带分布于区内，沿带有较大规模的喜马拉雅晚期 S 型花岗岩株和岩基发育，构成退化弧中酸性侵入岩带。构造形变以碰撞递推作用为主，具有碰撞—超碰撞横推造山过程的建造特点。受南北向挤压和东西向扩张作用，构造表现形式主要为断裂，断裂以西北—南东向为主，少量呈南北向。东西向及南北向断裂两旁岩石均较为破碎，对区内地形地貌的形成影响较大，同时，断裂两旁破碎的岩石也为区内地质灾害的发育提供了充足的物质来源。研究统计结果显示，研究区泥石流发育的个数在总体上随着泥石流到断层带距离的增大而急剧减小（童立强等，2013b）。

研究区附近新构造运动十分强烈。研究区位于青藏高原西南部，中新世以来，印度板块持续向北俯冲，导致青藏高原不断抬升。研究区地处雅鲁藏布江缝合带，南靠喜马拉雅隆起带，北接冈底斯南缘弧前盆地带，构造运动尤为强烈，这种强大的地壳水平运动，使山体岩层中积累了巨大的地应力，造成了挤压带内地形强烈的差异性升降运动，其结果是地形复杂，地貌类型多，岩层在强烈的挤压下形成断裂和褶皱，同时活动断层众多，地震活动频繁。地震是地壳上部岩层中弹性波传播所引起的振动，是地壳运动的一种特殊形式。在西藏自治区，地震类型相当多，特别是 6 级以上大地震都属于地壳构造活动带的弹性应变能积聚和突然释放所形成的构造地震。构造地震受地质构造条件控制，往往发生在活动构造体系内的活动构造带上（庄树裕，2010）。2015 年 4 月 25 日尼泊尔发生 8.1 级强烈地震，5 月 12 日又发生 7.5 级余震。2015 年 10 月 26 日，阿富汗兴都库什地区发生 7.5 级地震。2016 年 1 月 4 日，印度东北部发生 6.5 级地震。期间，整个喜马拉雅山震感强烈，强烈地震将使冰湖四周冰体、岩体和坝体稳定性减弱，后期冰湖溃决风险及成灾概率较大。

研究区包括中国境内喜马拉雅山脉全域及其北侧的部分地区，北以雅鲁藏布江结合带南界断裂为界，南至我国国界。根据国土资源大调查青藏高原填图计划 17 幅1:25 万区域地质调查结果和1:50 万地质图数据库（印控区由部分遥感解译修编结果资料整理），可以发现，研究区地层发育齐全，以大面积出露前寒武系变质岩和发育从奥陶纪至新近纪基本连续的海相地层为特色，显生宙沉积地层总厚达 12500 m。从南到北可划分为低喜马拉雅区、高喜马拉雅区、北喜马拉雅南带区、康马—隆子区、雅鲁藏布江区、拉萨—察隅区及冈科布斯坦—达拉克 7 个构造—地层分区。岩土体是地质灾害产生的物质基础，其类型、性质、结构、构造及分布特征对地质灾害发育有重要影响。大量事实表明，地质灾害与地层岩性关系极为密切。研究区分布最广的是较坚硬岩夹较软弱岩岩组、坚硬岩组、较坚硬岩夹软弱岩岩组，理论上较坚硬岩夹较软弱岩岩组、较坚硬岩夹软弱岩岩组及软质岩组为滑坡易发岩组（刘春玲，2010）。

五　水文条件

研究区河流与地质构造有密切的关系，垂直或平行于喜马拉雅山脉，呈南北向或东西向的外流水系。它们的上游段在高原面以上的具有宽谷特征；中下游段大部分都在高原面以下，以宽狭相间的河谷为主，水流湍急奔泄。研究区内主要有两大水系，即雅鲁藏布江及朗钦藏布江。雅鲁藏布江发源于喜马拉雅山北麓仲巴县境内的杰马央宗冰川，全长 2057 km，流域面积约 $214 \times 10 \, km^2$，流域平均海拔 4500m 左右，是世界上海拔最高的大河。朗钦藏布江主要在札达县境内。此外，其他还有经普兰流入尼泊尔的孔雀河，经吉隆流入尼泊尔的吉隆藏布，经聂拉木流入尼泊尔的波曲，从定日、定结、岗巴流入尼泊尔的澎曲，从亚东流入不丹的康布麻曲，从洛扎、措美流入印度的洛扎雄曲，经错那流入印度的达旺河，东喜马拉雅山南坡的卡门河，发源于隆子县流入印度的苏班西里河等水系。研究区的河流根据其最终的归宿，可概括分为内流水系和外流的印度洋水系，基本情况见表2-2和图2-4。

表2-2　　　　　　　　喜马拉雅山地区水系及流域面积一览

区域	水系	流域	面积（km²）	占总水系面积（%）	占西藏总面积（%）
外流域	喜马拉雅外流水系	雅鲁藏布江	240480	40.85	20.02
		西巴霞曲	26664	4.53	2.22
		鲍罗里河	10790	1.83	0.9
		达旺—娘江曲	6300	1.07	0.52
		洛扎怒曲	5270	0.9	0.44
		康布曲	1870	0.32	0.16
		汇入布拉马普特拉河的河流	10020	1.7	0.83
		朋曲	25307	4.3	2.11
		绒辖藏布	1400	0.24	0.12
		波曲	2000	0.34	0.17
		吉隆藏布	3100	0.53	0.26
		马甲藏布（孔雀河）	3020	0.51	0.25
		乌热曲—乌扎拉曲	650	0.11	0.05
		甲扎岗噶河	1330	0.22	0.11
		汇入恒河的其他河流	2290	0.39	0.19
		象泉河	22760	3.87	1.89
		如许藏布（帕里河）	2720	0.46	0.23
		狮泉河	27450	4.66	2.29
		合计	393421	66.83	32.76
内流域	喜马拉雅内流水系	羊卓雍错—普莫雍错—哲古错	9980	1.63	0.83
		多庆错—嘎拉错	3050	0.5	0.25
		错姆折林	1340	0.22	0.11
		佩枯错—错戳龙	3170	0.52	0.26
		玛旁雍错—拉昂错	8700	1.42	0.73
		其他	430	0.07	0.04
		合计	26670	4.36	2.22

注：河流顺序由东往西排列；其他资料来源为《中国喜马拉雅山地区冰湖馈决非线性预测研究》（庄树裕，2010）。

雅鲁藏布江（印度被称为布拉马普特拉河）是西藏自治区第一大河，同时也是世界最高大河，发源于研究区仲巴县境内杰马央宗冰川，过加查、仲巴、米林等县，于墨脱县巴昔卡后出境。雅鲁藏布江在西藏境内长2057 km，流域面积24.048×10⁴ km²，巴昔卡处测得平均径流量为4425 m³/s，年均径流量1395×10⁸ m³，占西藏外流年径流量的42.4%。雅鲁藏布江河面海拔大于3000m 的河段占全长的75%，最大落差5435 m，平均纵坡降2.6%（表2-2）。研究区水系中西巴霞曲、察隅曲等河在流到国外后，相继汇入布拉马普特拉河；马甲藏布、朋曲等河出境后，汇入恒河。象泉河、帕里河以及印度河的上源狮泉河进入印度境内被称作萨特累季河，最终汇入印度河（表2-3）。

表2-3 　　　　　　　　喜马拉雅山地区注入印度洋水系的主要河流

流　　域	长度（km）	流域面积（km²）	占总水系面积（%）	发源地	主要支流	国外名称	注入海洋
雅鲁藏布江	2057	240480	40.85	杰玛央宗冰川	帕隆藏布尼洋河	布拉马普特拉河	孟加拉湾
朋曲	384	25307	4.3	绒布冰川	叶如藏布	阿龙河—科西河	孟加拉湾
波曲	104	2000	0.34	野博康加冰川		孙科西河	孟加拉湾
马甲藏布	110	3020	0.51	兰比亚山口		呼那卡那里—哥格拉河	孟加拉湾
象泉河	314	22760	3.87	曲西山口	香孜曲	萨特累季河	阿拉伯海
狮泉河	405	27450	4.66	亚龙赛龙日山	噶尔藏布	印度河	阿拉伯海

研究区河流水源主要是由冰雪融水、雨水和地下水三种补给形式组成，补给类型有融水补给、雨水补给、地下水补给和混合补给四种类型。河流流量丰富，区域上分布极不均，西部河流年径流量远远小于东部。研究区的洛扎县至吉隆县一带的喜马拉雅山北侧分布有一条拉轨岗日山脉，两山脉间分布着许多古湖盆和现代湖盆（如佩枯错、普莫雍错、错姆折林、哲古错、多庆错、拿日雍错等），湖盆海拔大多在4500 m 左右，它们大多数是内流湖，受冰雪融水、大气降水和地下水补给，通过蒸发排泄，个别向

下游湖泊排泄（如普莫雍错）。在喜马拉雅山脉西段的北侧与冈底斯山脉之间分布着玛旁雍错、拉昂错等内流湖（图2-4）。

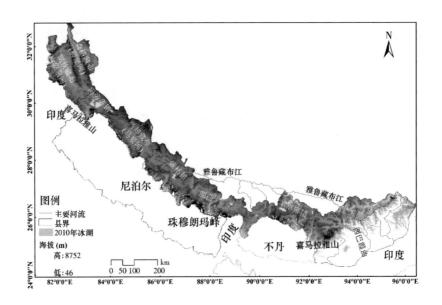

图2-4　喜马拉雅山水系图

六　经济社会概况

中国喜马拉雅山区总体上人口稀疏、耕地有限，其产业单一，在西藏自治区经济较为滞后。2012年，喜马拉雅山区区域人口总和为39.486万，占西藏自治区总人口的12.80%。各地区地域面积及人口情况如表2-4。2012年，研究区20个县地区GDP达61.867亿元，占西藏自治区经济总量的8.73%。其中，农、林、牧、副、渔产值达16.71亿元，仅占GDP的27%（表2-4）。研究区地广人稀，人类活动以半农半牧为主。此外，研究区农牧业活动、路网建设、矿产、乡村和城镇建设、矿产开发、水利水电建设、旅游等经济活动强度较大。具体经济活动包括以下几个方面：

1. 农牧业活动

放牧活动是区内分布最广、最普遍的人类活动。其特点是分布面广，活动频繁，强度较小，影响深度较浅。但过度放牧会破坏草皮植被，不仅对地表水的流态产生影响，同时会使土壤表层失去天然的保护，从而有利于地质灾害的发生。"十二五"期间，研究区积极调整农牧业结构，优化区域农牧业空间结构，突出了各区域特色和优势，注重规模效益，大力发展特色种养殖业和特色畜牧业，提倡舍饲圈养与放牧结合的发展模式，积极发展规模化、集约化、标准化、产业化养殖体系。同时，围绕农产品、畜产品、乳制品，研究区积极发展制革、牛羊绒纺织等工业。扶持培育了一批农畜产品深加工龙头企业，打造了一批具有一定知名度的农畜产品品牌。

表2－4　　　　　　　　　　喜马拉雅山区各地区基本情况

地 区	县数（个）	县　名	面积（km²）	人口（万）
林芝	3	墨脱、米林、朗县	13620.43	5.20
山南	5	洛扎、隆子、浪卡子、措美、错那	62064.00	12.56
日喀则	9	吉隆、定日、定结、聂拉木、萨嘎、岗巴、仲巴、亚东、康马	106998.70	19.22
阿里	3	普兰、扎达、噶尔	37780.59	2.505
合计	20		220463.70	39.49

2. 路网建设

研究区路网大多沿河边修建，修建过程中大量开山筑路，导致公路沿线易形成崩塌灾害。沿斜坡中下部或坡脚地带通过，人类工程作用形成的高陡边坡，改变了斜坡的地形地貌和自然平衡，是诱发地质灾害的重要因素。研究区219国道沿线地带是地质灾害比较严重的线路。"十二五"期间，研究区加快了出藏干线公路的整治改建，实现了省道断头路现象，并使其路面黑色化，同时，实现了县县通油路、60%以上乡镇通沥青（水泥）路的目标。特别地，研究区对新藏、川藏、滇藏等进藏公路及其中尼公路、吉隆口岸公路进行了整治改建。在铁路方面，已实现拉萨通往日喀则的铁路干线。同时，推进川藏、滇藏铁路西藏段铁路规划研究及其前期论证工作，已开工建设拉萨至林芝的铁路（西藏自治区发展和改革委员会，2012）。

3. 城镇、村镇建设

具有零星或局部地段集中的工程活动特征，不合理的取土、采石，特别是依山削坡，使坡体土石内应力发生变化，导致斜坡不稳定。随着国家"西部大开发"战略的实施，各类工程建设蓬勃兴起，水利、水电建设、道路交通建设以及城乡设施建设等一系列工程活动将日益增多。因此，应加强地质环境保护和治理工程并举，在实施工程建设前，进行地质灾害危险性评估、工程地质勘查等，最大限度地减少地质灾害可能造成的损失。"十二五"期间，研究区优化了城镇和村镇布局，通过制定和实施城镇和村镇总体规划、市镇道路规划、防灾减灾规划等专项规划，优化了建设用地结构，规范了城镇和村镇空间结构，进而增强了人口和经济活动的吸纳支撑能力。

4. 矿产资源开发

研究区蕴藏着包括锑、铅锌、硫、沙金、水晶、大理石、铜、铬铁、孔雀石、磁铁矿等在内的多种矿产资源。采矿业的发展，对原有地貌形态和地质结构造成较大改变，矿渣等松散物质的堆放成为泥石流物源，不合理的采矿活动成为可能诱发塌陷、滑坡、崩塌、泥石流、地裂缝等地质灾害的诱因。"十二五"期间，研究区积极引进国内外大型矿业企业，推进了各矿区的整合整治，促进矿产资源规模勘查开发，提高了矿产资源的开发水平，提升了矿产资源的综合利用效率。

5. 水利、水电开发

20 世纪 60 年代末，西藏自治区在河流上游开始兴修蓄水工程。至 1987 年，共修建水库 36 座、水塘 5034 个，总蓄水量 3700 ×10^4 m^3，保灌面积 9044.52 hm^2。20 世纪 90 年代，西藏自治区中小型蓄水工程修建有了较大发展，已建成莽错水库、冲巴湖水库、下拉雍错水库 3 座大型水库，虎头山水库和阿涡夺水库 2 座中型水库，其他小型水库 37 座。到 1997 年，西藏共建成各类水库（塘）5290 余座，总库容 3.7 ×10^8 m^3。"十二五"期间，研究区加大了边境、边远和高海拔地区小型水利工程的建设力度。同时，完善研究区防洪、抗旱、供水、发电等基础设施体系，切实改善了农牧区的生产生活条件。通过水利水电工程的建设，极大地提升了研究区防灾减灾能力。

6. 旅游活动

喜马拉雅山是世界上最高大最雄伟的山系。它耸立在青藏高原南缘，绵亘于中国和印度、不丹、尼泊尔、锡金之间，为世界上任何山系所不及。该区域旅游资源丰富多样，包括珠穆朗玛峰、希夏邦马峰、雅鲁藏布江、大峡谷、樟木口岸、吉隆口岸、亚东口岸、普兰口岸、羊卓雍湖等。丰富多彩的旅游资源，每年吸引着无数的海内外游客到此游览。其中，珠穆朗玛峰在藏语里是"雪山女神"的意思。她银装素裹，亭亭玉立于地球之巅，俯视人间，保护着善良的人们。时而出现在湛蓝的天空中，时而隐藏在雪白的祥云里，更显出她那圣洁、端庄、美丽和神秘的形象。作为地球最高峰的珠穆朗玛峰，对于中外登山队来说，是极具吸引力的攀登目标。

总体上，喜马拉雅山冰湖分布广泛，山区经济结构单一、经济社会系统脆弱、公路密度小、灾害保险缺失、风险管理能力有限，致使冰湖溃决灾害存在巨大风险，其灾害严重影响山区居民生命与财产安全，以及山区交通运输、水利水电基础设施、农牧业及其冰雪旅游，甚至危及跨国境地区安全，使山区经济社会系统遭受巨大破坏并潜伏多种威胁，这些已成为制约山区经济社会可持续发展的重要因素之一。

第二节 数据与方法

一 数据与资料

本书采用的数据与资料包括不同时段遥感影像、ASTER GDEM、地形数据、全国 1∶400 万比例尺的政区图矢量数据、历史灾情数据、经济社会资料和数据、相关文献等（表 2 - 5）。

遥感数据来自于美国地质勘探局（USGS，http：//glovis. usgs. gov/），1990 年左右 TM 遥感影像（统称为 1990 年数据）无云，2010 年左右 TM/ETM + 遥感影像（统称为 2010 年数据），含少量云。全国 1∶400 万基础地理信息数据和 SRTM 90 m 数字高程数据来源于中国科学院计算机网络信息中心国际科学数据镜像网站（http：//datamirror. csdb. cn）。该数据包括行政边界、行政面积、交通干线、县域驻地海拔高程、研究区坡度，其地理坐标为 GCS - Klasovsky 940，投影系统为 Albers 等面积投影。地面气象站气温资料（1960 年 1 月 1 日—2013 年 12 月 31 日）来自于中国气象科学数据共享服务网（http：//cdc. cma. gov. cn/），该数据用以计算研究区气温年际变化趋势，及其多年年均气温的空间分布特征。经济社会资料和数据来源于2012 年西藏自治区统计年鉴、喜马拉雅山区 20 县统计年鉴，以及西藏自治区地地市州经济社会公报和相关文本（表 2 - 5），该资料用以承灾区暴露性、敏感性和适应性指标的提取与赋值。

表 2 - 5　　　　　不同时期遥感影像、地形图、DEMs 数据信息

数据集	传感器或资料	轨道号或范围	时间	分辨率	数据集	传感器或资料	轨道号或范围	时间	分辨率
1990s	TM	p135/r 39	1987 - 12 - 3	30m	2010s	ETM +	p135/r 39	2012 - 11 - 13	30m
	TM	p135/r 40	1990 - 11 - 9			TM	p135/r 40	2012 - 11 - 13	
	TM	p136/r 40	1988 - 10 - 25			ETM +	p136/r 40	2012 - 11 - 6	
	TM	p136/r 41	1985 - 10 - 25			TM	p136/r 41	2011 - 11 - 10	
	TM	p137/r 40	1988 - 11 - 1			ETM	p137/r 40	2013 - 9 - 27	
	TM	p137/r 41	1990 - 11 - 9			ETM +	p137/r 41	2012 - 12 - 29	
	TM	p138/r 40	1990 - 11 - 9			ETM +	p138/r 40	2013 - 11 - 5	
	TM	p138/r 41	1990 - 11 - 14			ETM +	p138/r 41	2013 - 10 - 12	
	TM	p139/r 41	1990 - 11 - 5			ETM +	p139/r 41	2013 - 10 - 11	
	TM	p140/r 40	1992 - 11 - 17			ETM +	p140/r 40	2013 - 1 - 3	
	TM	p140/r 41	1992 - 11 - 17			ETM +	p140/r 41	2012 - 12 - 2	
	TM	p141/r 40	1988 - 10 - 12			ETM +	p141/r 40	2012 - 11 - 7	
	TM	p141/r 41	1989 - 10 - 31			ETM +	p141/r 41	2013 - 2 - 11	
	TM	p142/r 40	1990 - 11 - 10			ETM +	p142/r 40	2012 - 11 - 14	
	TM	p143/39	1992 - 10 - 21			ETM +	p143/39	2013 - 10 - 7	
	TM	p144/39	1990 - 10 - 23			ETM +	p144/39	2011 - 11 - 10	
	TM	p145/38	1989 - 11 - 12			ETM +	p145/38	2012 - 6 - 28	
	TM	p145/39	1990 - 11 - 15			ETM +	p145/39	2013 - 11 - 30	
	TM	p146/38	1990 - 10 - 21			ETM +	p146/38	2011 - 11 - 8	
ASTER GDEM	DEM	26°N—30°N；84°E—90°E	2009	30 m	县域边界	全国行政区划	研究区	1990s	1 : 4000000
承灾体数据集	统计年鉴	26°N—30°N；84°E—90°E	2012	—	地震烈度	中国地震烈度表	26°N—30°N；84°E—90°E	GB/T 17742 - 2008	—

二　遥感影像解译

(一)　数据预处理

为避免季风期内云和雪的干扰，本书选择多期云量小于 5% 的遥感影像作为冰湖解译对象。数据预处理主要包括遥感数据预处理、研究区域边界及矢量河网的提取。对于每个时期某一景遥感影像在 Erdas 9.2 软件平台下进行预处理，首先将所需波段进行组合，然后利用 DEM 作为参考进行正射校正，而后裁剪每一景影像边界噪声部分，再进行各期 6 幅影像拼接，最后裁剪成统一矩形区域。按照 4 - 3 - 2 和 7 - 5 - 2 波段组合顺序输出为 Geotiff 格式用于影像解译。在 ArcGIS9.3 软件平台下，对 DEM 数据进行水文分析，提取矢量河网，同时提取各集水流域的矢量边界多边形。在研究区北面，以集水流域的边界为区域边界。

1. 遥感影像正射校正

喜马拉雅山区海拔落差巨大，由于强烈的地形起伏，太阳入射角和高度角的变化会影响冰川分类的精度，因此，引入数字高程模型（DEM）对全部的遥感影像进行正射校正，配准误差在一个像元内，可有效地降低地形的影响，确保冰湖信息提取的准确性。正射校正数据的检验结果显示：TM 和 ETM + 的最大 RMSE 不超过 60m。影响配准误差会影响冰川变化的结果，检验点的均方根误差被部分学者用于进行冰川变化的精度分析。这里采用 Ye 等（2006）的公式计算配准误差对冰川面积变化造成的不确定性（聂勇，2010）。

2. 研究区影像拼接

研究区范围大，研究区全覆盖涉及多张影像，直接拼接后的数据量太大。通过对拼合的影像进行剪接和掩膜处理，减少数据量，提高遥感影像冰湖信息提取的处理速度。

3. 区域边界提取

为便于冰湖编码，本书使用 ArcGIS 工具箱中的 Hydrology 分析模块，用以提取全流域冰湖边界范围。高质量影像是每期冰湖解译的基准，两至三期或更多期影像则常被作为参考数据，这在过去常常用以解决季节性云覆盖问题（Racoviteanu et al.，2010；Xiang et al.，2014）。

(二) 冰湖遥感解译方法

1. 解译特征

由于冰川、冰雪和冰湖本质是水的不同形态，具有相近的反射特性，故在 TM/EMT + 卫星影像上基本呈现蓝色，只是饱和度不同。通过两种方式合成，结果突出的主题有些差别（陈晓清等，2005）。

① 4 - 3 - 2 波段合成特征

冰川：呈天蓝色，随着厚度增加而趋向白色；而且出现在山顶部位及山顶周边。

积雪：呈白色，一般位于山峰顶部，或覆盖在冰川上面。在影像上，白色周围有天蓝色的冰川，或中间露出天蓝色的冰川。

冰湖：呈蓝色，随着水深增加颜色饱和度增加，还有受湖面漂浮冰体的影响，浮冰越厚，颜色越偏向冰川的颜色——天蓝色。

云雾：呈白色，不均匀，周围和其中没有天蓝色影像；可能出现在沟谷中部处。

高山阴影：呈黑色，出现于山峰的东南面。

该影像中冰川和雪很难区分开来，借助配准的地形也很难区分（图 2 - 5）。

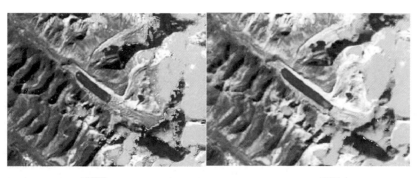

1990   2010

图 2 - 5　冰川、积雪、冰湖遥感影像 4 - 3 - 2 波段合成特征

② 7 - 5 - 2 波段合成特征

冰川：呈深蓝色，分布于山脉顶部。

积雪：呈浅蓝色，分布于山脉顶部，透过色彩可以看出山体的影像。

冰湖：呈更深的蓝色，至蓝黑色，受浮冰影响时颜色偏向冰川的颜色。

云雾：呈白色，不均匀。

高山阴影：呈黑色，出现于山峰的东南面。

该影像中，由于冰湖和冰川颜色很接近，需要借助 DEM 生成的地形图来解译。

2. 冰湖解译

在 ArcGIS9.3 软件平台下，首先将各时期（1990s 和 2010s）两个波段组合类型（wave band 4 - 3 - 2，wave bano 7 - 5 - 2）的影像图、各流域边界矢量图等叠加显示。

综合考虑地理环境特征、研究需求、易获取程度等因素，本书选取视野宽广、覆盖范围大、波段组合能力强、利用计算机自动分类能力强的 1990s、2010s 两期 Landsat TM/ETM 38 景数据。参照冰湖自动提取的事件树思路（图 2 - 6），首先对 Landsat TM/ETM 的波段 4 和波段 1 进行运算，计算归一化水分指数（NDWI，Normalized Difference Water Index）式中，B TM1 和 B TM4 分别为 Landsat TM/ETM 波段 1 和波段 4（Gardelle et al.，2011）。

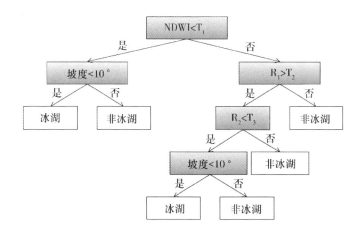

图 2 - 6　基于决策树的 Landsat 影像冰湖自动提取算法

注：T_i 为比值阈值，其大小由每一景影像目视经验估计确定，R_i 与公式 9—10 同。

$$NDWI = \frac{B_{TM4} - B_{TM1}}{B_{TM4} + B_{TM1}} \qquad (8)$$

式中，B_{TM1} 和 B_{TM4} 分别为 TM/ETM 波段 1 和 4。

根据公式（1）计算水体指数图，针对不同影像选择合适水体指数阈值，得到水体与非水体二值图。然而，归一化水分指数图有时却误将水体当作非水体地物或误将冰雪等非水体地物当作水体。鉴于此，为提高冰湖自动识别的精度和减少人工识别的工作量，对 TM/ETM 的波段 2 与波段 4 进行比值运算，以补充识别水体和非水体，并通过波段 4 与波段 5 的比值运算，进一步将冰川及积雪等地物与水体信息区别开来：

$$R_1 = \frac{B_{TM2}}{B_{TM4}} \tag{9}$$

$$R_2 = \frac{B_{TM4}}{B_{TM5}} \tag{10}$$

式中，B_{TM2}、B_{TM4} 和 B_{TM5} 分别为 TM/ETM 波段 2、波段 4、波段 5。

冰湖水体与山体阴影光谱特征较为相似，由于冰湖湖面坡度很小而阴影坡度较大，实践中多通过把波段比值图与坡度图进行叠加分析，将冰湖水体信息与山体阴影相区别。本书采用表面坡度 <10° 的水体为冰湖，否则为阴影的判别标准进行冰湖信息提取（Gardelle et al.，2011）。对于冻结水面与冰面难以区别，对于每一景自动提取的获得的冰湖图，均进行人工目视检查校正。

最后，借助 3S 技术手段和方法，解译并提取喜马拉雅山区 1990 年和 2010 年两期面积大于等于 0.02 km² 冰碛湖信息，并对其进行典型潜在危险性冰碛湖编目（图 2-7），为该区潜在危险性冰碛湖溃决灾害风险评估提供基础数据。

图 2-7　研究区危险性冰湖时空变化趋势（局部，聂拉木县）

三 自然灾害综合风险组成

风险是指对人类健康、财产和环境不利事件发生的概率及可能后果的严重程度（IUGS，1997）。风险意味着损害的可能性（Giardini et al.，1999）。灾害作为重要的可能损害之源，历来是各类风险和风险管理研究的重要讨论对象。自然灾害风险评估的最主要步骤是对其灾害风险系统和灾害发生机理的科学理解。何谓自然灾害风险？不同学科背景和不同研究角度的差异，导致不同学者和机构对自然灾害风险内涵和表达产生了不同的理解和诠释（叶金玉等，2010）。

20 世纪 80 年代以来，作为防灾减灾的一个重要环节，对各种自然灾害的风险评价得到社会的空前重视。自然灾害风险是以自然事件或力量为主因导致的未来可能发生的不利事件情景（黄崇福，2012），其风险是指在自然灾害发生前可预见到的可能损失。随着自然灾害风险研究的不断深入，其评估方法日渐丰富并日趋定量化。Maskrey（1989）认为风险是某一自然灾害发生后所造成的总损失，提出自然灾害风险是危险性与易损性之代数和（Risk = Hazard + Vulncrability）。Morgan 和 Henrion（1990）认为自然灾害风险是可能受到灾害影响和损失的暴露性（Exposure）。联合国人道主义事务部（UNDRO，1991）于 1992 公布了自然灾害风险的定义：自然风险是在一定区域和给定时段内，由于特定的自然灾害而引起的人民生命财产和经济活动的期望损失值，即自然灾害风险表达式为危险性与易损性之积（Risk = Hazard × Vulnerability）。其中，危险性反映了灾害的自然属性，是灾害规模和发生概率的函数；易损性反映了灾害的社会属性，是承灾体人口、经济和环境的函数。此观点随即获得较多学者的认同，并应用于许多风险评估（Shook，1997）。Okada 等（2004）、Shook（1997）、刘希林（2007）、成玉祥等（2008）认为自然灾害风险是由危险性、暴露性和脆弱性这三个因素相互作用形成的。Remondo 等对致灾因子危险性与承灾体脆弱性进行等级划分，然后通过构建评估矩阵等方法来对区域风险进行评估。2007 年，联合国减灾战略秘书处提出加快建设减轻灾害风险的全球平台，进而将自然灾害风险研究提到了全球减灾战略的议程之中。20 世纪 30 年代，美国田纳西河流域管理局（TVA）率先探讨了洪水灾害风险分析和评价的理论与方法，开创了自然灾害评价之先河（章国材，2010）。20世纪后半叶，灾害风险和风险管理开始在社会学、管理学、经济学、环境科学等领域得到了不同程度的发展，特别是在单灾种成因机理、评估方法方面做了比较系统的研究。

中国自然灾害风险评估研究起步亦较早。20世纪70年代以前，中国自然灾害风险评估以自然灾害本身的危险性评估为主，同时亦对自然灾害损失评估体系有一定探讨，但大多未能将自然灾害与社会经济特性有机结合（周寅康，1995）。这一阶段主要是进行自然灾害灾变强度、发生频次及空间分布与发展规律的研究。70年代后，GIS技术开始应用于自然灾害研究，同时，承灾体脆弱性评估也被纳入灾害风险研究。史培军等则认为自然灾害是致灾因子、孕灾环境和承灾体三者综合作用的结果。张继权等提出自然灾害风险度 = 危险性 × 暴露性 × 脆弱性 × 防灾减灾能。自20世纪90年代中国参与"国际减灾十年"以来，地质灾害风险评价思想体系从国外引入，学者开始重视地质灾害的社会属性，其研究得到了应有重视。之后，不同学者和研究机构相继提出了一系列关于自然灾害风险的概念和表达式（表2-6）。

表2-6 **灾害风险的概念及其表达式**

研究机构或学者	自然灾害风险及其表达式
UNDHA（1992）	在一定时间和区域内某一致灾因子可能导致的损失（死亡、受伤、财产损失、对经济的影响），可以通过数学方法，从致灾因子和脆弱性两方面计算
Adams（1995）	一种与可能性和不利影响大小相结合的综合度量
Smith（1996）	认为风险是某一灾害发生的概率，自然灾害风险是灾害概率和预期损失之积的表达式（Risk = Probability × Loss）
De La Cruz Reyna（1996）	风险 =（风险因子 × 暴露性 × 脆弱性）/ 备灾（Preparedness）
Helm（1996）；Jones and Boer（2003）	风险 = 致灾因子发生概率 × 灾情
Tobin and Montz（1997）	风险 = 灾害发生概率（Probability）× 易损度（Vulnerability）
IUGS（1997）	风险 = 灾害发生概率（Probability）× 结果（Consequence）
Deyl et al.（1998）	风险是某一灾害发生的概率（或频率）与灾害发生后果的规模的组合。风险是危险性与结果之积（Risk = Hazard × Consequence）

续表

研究机构或学者	自然灾害风险及其表达式
Hurst（1998）	风险是对某一灾害概率与结果的描述
Stenehion（1997）	风险是意外的（undesired）时间出现的概率，或者某一致灾因子可能导致的灾难，以及对致灾因子脆弱性的考虑
Crichton（1999）	风险是损失概率，取决于 3 个因素：致灾因子、脆弱性和暴露性
Wisner（2000）	风险 = 概率（Probability）× 脆弱性（Vulnerability）- 减缓（Mitigation）
Downing et al.（2001）	在一定时间和区域内某一致灾因子可能导致的损失（死亡、受伤、财产损失、对经济的影响）；致灾因子：一定时间和区域内的一个危险事件，或者一个潜在的破坏性现象
IPCC（2001）	风险 = 发生概率 × 影响程度
Wisner（2001）	风险 =（致灾因子 × 脆弱性）- 应对能力（Coping capacity）
UN（2002）	风险 =（致灾因子 × 脆弱性）/ 恢复能力（Resilience）
史培军（2002）	赞同 UNDRO（1991）对自然灾害风险的定义，认为自然灾害风险是危险性与易损性之代数和的表达式，以此强调脆弱性的累进对灾害发生风险的"贡献"
Garatwa（2002）	风险是两个因素"危险性"（Hazard）和"脆弱性"（Vulnerability）的乘积
Cardona（2003）	预期出现的伤亡人数、财产损失和对经济活动的破坏
Okada et al.（2004） ADRC（2005）	认为自然灾害风险是由危险性、暴露性和脆弱性这三个因素相互作用形成的
张继权等（2006）	自然灾害风险度 = 危险性 × 暴露性 × 脆弱性 × 防灾减灾能力，该观点已被引入近年多种灾害风险评估研究之中
IPCC AR5（2013）	风险 = 危险性 × 暴露度 × 脆弱度

上述各种"灾害风险"概念，实质上也代表了灾害风险研究的不同阶段和对灾害风险不同角度的理解。总体上，可归纳为三方面：一是从风险自身的角度，将灾害风险定义为一定概率条件的损失；二是从致灾因子角度，认为灾害风险是致灾因子出现的概率；三是从灾害风险系统理论定义

出发，认为灾害风险是致灾因子、暴露性和脆弱性三者共同作用的结果（牛全福，2011），并考虑人类社会经济自身的脆弱性在灾害形成过程中的作用，即人类自身活动对灾害造成的"放大"或者"减缓"的作用。

虽然自然灾害风险没有统一的严格定义，但其基本内涵却是相同或相近的，即在特定地区、特点时间内因自然灾变造成人员伤亡、财产破坏和经济活动中断的预期损失（Wilson and Crouch，1987），这种损失是一种可能状态，这种状态可能发生也可能不发生或部分发生，其损失可能是期望值，也可能是部分值。从系统论角度看，自然灾害风险系统首先须存在风险源（致灾因子），即存在自然灾变；其次须有风险承灾体，即经济社会系统。自然灾害风险评估是指通过风险分析的手段或观察外表法，对尚未发生的自然灾害之致灾因子强度、受灾程度，进行评定和估计（黄崇福，2005）。20世纪30年代以来，自然灾害风险评价在经济、社会、管理和环境科学等学科领域得到了不同程度的发展，风险评估研究也逐步将自然灾害成因机理及统计分析与经济社会条件分析紧密结合起来，同时也由定性评价逐步向半定量和定量评价转变，且取得了丰硕的成果（史培军，2002；葛全胜等，2008；Zhou et al.，2009；马宗晋，2010）。

众所周知，孕灾环境、致灾因子及承灾区等客观条件的变化，给自然灾害带来了较大的不确定性。首先，自然灾害发生条件具有不确定性。灾害发生受多种因素的影响，这些因素中有些是人类已经认识到的，但绝大多数因素仍然未知。其次，灾害事件造成承灾区的损失程度也具有较大的不确定性。同类承灾区在不同致灾因子的作用下，产生的损失不尽相同；而相同的承灾区在同等规模的灾害事件下也不一定产生相同的毁坏程度，会受到该区域地质水文条件、承灾性自身使用情况、应急救援行动有效性等多方面因素影响。正是自然灾害具有不确定性，给风险评估工作带来一定的难度（Bayraktarli et al.，2005；黄蕙等，2008）。目前，在国际上较有影响力的自然灾害风险评估指标主要包括：灾害风险指数计划（DRI）（Pelling et al.，2004；Pelling，2004）、多发区指标计划（Hotspots）（Dilley et al.，2005）和美洲计划（American Programme）（Pelling，2004；Cardona et al.，2005）。3个指标计划共同认为，灾害风险由三个因素组成，即灾害暴露、灾害发生的频度和强度、暴露要素的脆弱性。DRI首次开发了两个脆弱性全球指标，即相对脆弱性、社会—经济脆弱性指标；Hotspots 建立了三个灾害风险指数，即死亡风险、总的经济损失风险和经济损失/GDP 的风险。美洲计划开发了四个独立的指标体系，即灾害赤字指数（DDI）、地方灾害指数（LDI）、普适脆弱性指数（PVI）和风险管理指数（RMI）。DRI 和 Hotspots 指标比较类似，操作相对简易；美洲计划指标体系较复杂但比较全面。自然灾害风险评估是一个新兴的研究课题，很多学者（Remondo et al.，2005；Shi et al.，2006）分别对致灾因子危险性与承灾体脆弱性分等定级，然后通过构建评估矩阵等方法来对区域风险进行评估。目前，比较普遍的研究方法是自然灾害风险等级评估（Lee and Pradhan，2007；Sarris，2010）。一般采用的模型为：

$$R = H \times V \tag{11}$$

即，自然风险 =（自然灾害）危险性 ×（承灾体）脆弱性。式中，危险性一般包括自然灾害的强度和发生的可能性两个因素。因此，危险性近似于灾害发生预报。由于此项工作复杂，难度大，许多自然灾害的机理尚未完全明了。

因而，许多研究是将自然灾害危险性与脆弱性分等定级。按风险事件发生频率确定其可能性等级，并按灾损强度设定风险事件的强度等级，最终根据风险评估矩阵来表示自然灾害的风险等级（表 2 - 7）。

表 2 - 7 自然灾害风险等级

可能性等级	后果等级	低	较低	中	高
		4	3	2	1
极小	4	16	12	8	4
不太可能	3	12	9	6	3
有可能	2	8	6	4	2
很可能	1	4	3	2	1

这种等级划分结果的优点是：在相关数据不够充足的情况下，能够比较各制图单元（如县域或省域）风险相对大小，结果相对容易获得。但其不足表现在：后果等级和可能性等级没有必然联系，两者生成的风险等级

是组合出来的。未能体现各风险等级的具体内容，比如人员伤亡、经济损失、资源环境破坏等。因自然灾害预报的复杂性，目前尚无任何一个灾种能够实现时空尺度上的预报，只是对某些灾害预计的准确度比另一些高而已。自然灾害风险评估除了灾害发生之外，更重要的是可能性损失。

四 冰湖溃决灾害综合风险评估方法

与灾害学的理论研究框架类似，国际上通常将冰湖灾害评估分为三部分，即风险分析、风险评估和风险处理。这里的风险是指各种灾害发生及其对人类社会造成损失的可能性，包括不利事件、不利事件发生的概率和不利事件造成的损失或破坏。风险分析是指对尚未发生的、潜在的以及客观存在的危险及其影响因素进行系统的、连续的辨别、归纳、推断和预测，并分析产生不利事件原因的过程。风险评价就是在研究地区风险分析的基础上，把各种风险因素发生的概率、损失程度以及其他因素的风险指标值综合成单一指标值，以表示该地区发生风险的可能性及其损失的程度。风险处理就是根据风险管理的目标和宗旨，在科学风险分析和风险评价基础上，在面临风险时可以从各种方案中选择最优方案的过程。

以往自然灾害风险评估多集中于地震、泥石流滑坡、雪灾等灾种对象，对冰湖溃决灾害风险评估研究较少。因为各类自然灾害发生机理不同，因此其风险评估体系也应区别对待。冰湖溃决灾害风险是由冰湖变化所导致的承灾区经济社会系统造成损失的可能性，包括自然系统风险和社会系统风险。冰湖溃决灾害风险主要受控于自然条件，而承灾区承灾体暴露性、脆弱性与适应性因素则是决定冰湖溃决灾害形成的社会条件。以往冰湖溃决灾害风险评估研究多集中于冰湖溃决致灾诱因、特征，溃决危险性评价和溃决概率预测，以及溃决洪峰流量及其演进模拟研究等自然风险方面，且取得了较大的进展和成果（王世金等，2012）。

冰湖溃决灾害风险评估是通过风险分析方法，对尚未发生的冰湖溃决灾害的致灾因子强度、受灾程度所做的评定和估计。冰湖溃决事件发生于高海拔地区，实地调研极为困难，常需借助遥感影像、数字高程地图和大比例尺地形图进行危险性冰湖辨识，其研究主要集中于冰湖变化及其冰湖溃决风险评估，而对于下游承灾区受损风险评价少有涉猎。冰冻圈冰湖溃决灾害风险则是冰湖溃决灾害对承灾区经济社会系统造成的可能性损失。影响冰湖溃决灾害风险程度的因素主要包括始发区危险性（如冰湖溃决概率、强度、数量），下游承灾区暴露程度和敏感性（人、财、经济社会系统、生态环境系统），以及承灾区适应能力（预警能力、应急能力、防灾救灾能力和恢复能力）。基于此，本书在参考他人研究（Balassanian et al.，1999；Meroni and Zonno，2000；Catani et al.，2005；Nadim and Kjekstad，2009）的基础上，认为冰湖溃决灾害风险表达式如下：

$$R = (H \times E \times V) / A \tag{12}$$

即，冰湖溃决综合风险（Risk of Glacial Lake Outburst Hazard）= 致灾体危险性（Hazard）× 承灾体暴露度（Exposure）× 脆弱度（Vulnerability）］/适应能力（Adaptation）。其中，冰湖溃决危险性是指影响冰湖溃决的各类因素或条件，危险性大小直接影响其溃决概率、类型、强度和规模，从而波及承灾区经济社会系统，而承灾区居民、财产、生存环境、经济社会系统的脆弱性和暴露性则加剧了冰湖溃决灾害风险程度的可能性。因此，加强承灾区预警、应急、防灾救灾和恢复能力等适应能力建设，可以避免或减小冰湖溃决灾害风险。

第三章 冰湖溃决灾害及其致灾机理分析

半个多世纪以来，全球升温对冰川环境产生了巨大影响，使冰川退缩加速、冰湖扩张加剧，其潜在冰湖溃决概率日益增加，冰湖溃决所引发的洪水/泥石流灾害不断危害着下游居民的生命和财产安全，并且对自然和社会生态环境造成了严重破坏。冰湖溃决发生概率小，但危害大，要科学合理评估其灾害风险程度，亟须辨识冰湖溃决灾害成灾的关键性驱动因子，以揭示冰湖溃决成灾机理。

第一节 国外冰湖溃决灾害空间分布特征

全球范围内阿尔卑斯山区（Haeberli，1983；Huggel et al.，2004）、喀喇昆仑山（Hewitt，1982）、冰岛（Tweed and Russell，1999）、安第斯山脉（Carey，2008）、落基山脉（Clague and Evans，2000；McKillop and Clague，2007ab）、天山（Meiners，1997；Mayer et al.，2008）和喜马拉雅山在内的许多山地地区（Yamada，1993，1998；Sakai et al.，2000；Bajracharya et al.，2007b）往往是冰湖溃决灾害频发区（图3-1）。例如，在南美洲安第斯山地区有记录的30次冰川灾害中，冰湖溃决灾害21次，占冰川灾害总数的70%（Carey，2005）。在南美洲智利巴塔哥尼亚北部冰原，1896—2010年，共发生53次冰湖溃决事件，近年其溃决频率成增加态势（Dussaillant et al.，2010）。在尼泊尔和不丹喜马拉雅山地区，20世纪50年代冰湖溃决事件大概每10年发生一次；20世纪90年代，上升至每3年一次。截至2000年，冰湖溃决事件频率几乎达到了每年一次（Richardson and Reynolds，2000）。截至目前，尼泊尔冰湖溃决灾害已达15余次。在过去200年里，喀喇昆仑山发生破坏性冰川洪水灾害 35 次（Ashraf et al.，2012）。在过去 50 年里，中国喀喇昆仑山北坡克勒青峡谷发生 21 次冰湖溃决洪水灾害（Chen et al.，2010）。

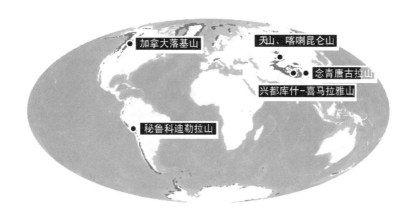

图 3 - 1　世界上主要冰湖溃决灾害点空间分布

　　1985 年 8 月 4 日，尼泊尔东部珠峰南坡由上游冰崩导致迪索（Dig Tsho）冰湖溃决，其初始水流量达到 2000 m³/s，引发洪水/泥石流次生灾害，导致 5 人丧生，一处新建纳梅什（Namche）水电站、20 余座房子、14 座桥梁、一些道路及大片农田受损或被毁，估计损失达 150 万美元，造成重大损失（Kattelmann，2003）。1994 年 10 月 7 日，不丹中西部仑那地区鲁格耶冰湖（Luggye Tsho）溃决且引发洪水，致 23 人死亡（Richardson and Reynolds，2000）。其它重大冰湖溃决灾害见表 3 - 1。

表 3 - 1　　　　　　　　　　世界重大冰湖溃决灾害一览

时　间	冰湖名称	区域	危害	文献来源
1941.12.13	Palcacocha	秘鲁布兰卡山	泥石流演进 25km，致 5000 人罹难，使瓦拉斯城镇遭到了彻底毁坏	Carey，2012
1945.01.17	—	秘鲁布兰卡山	500 人罹难，摧毁了查文德万塔尔遗址古代遗迹和村镇	Carey，2005

时　间	冰湖名称	区域	危害	文献来源
1950.10.20	–	秘鲁布兰卡山	摧毁了两个高知名度的国家资助的发展项目，包括即将完成的佳能德尔帕托水电站	Carey, 2010
2010.04.11	Laguna Lake 513	秘鲁布兰卡山	波及 100 多人的生产生活，22 间房屋被损，90% 的城市供水系统、100km 公路、35hm² 土地及 690 头牲畜被摧毁	Carey, 2012；Schneider et al., 2014
April 6-7, 2008	Cachet 2 Lake	智利巴塔哥尼亚冰原	造成下游农场聚居点巨大损失，并危及下游卡莱塔特尔泰尔镇	Dussaillant et al., 2010
1980.06.23	Nagma Pokhari	塔木尔河	1 个村庄完全被摧毁，多个村庄被迫迁移	Yamada, 1993；Mool et al., 2001
1985.08.04	Dig Tsho	都科西河	导致 5 人丧生，几乎摧毁了纳姆泽（Namche）水电站、14 座桥梁、30 间房屋和价值 400 万美元农田	Vuichard and Zimmerman, 1987；Kattelmann, 2003
1991.07.12	Chubung	塔玛科西河	造成 1 人死亡，摧毁多处房屋和农田	Yamada, 1993
1998.09.03	Tam Pokhari	都科西河	造成 2 人死亡，摧毁 6 座桥梁和大片农田，经济损失超过 1.5 亿卢比	Kattelmann, 2003
1994.10.07	Luggye Tso	不丹仑那地区	造成 23 人死亡，损坏部分普那卡宗寺院，12 间房屋 4 座桥梁被摧毁	Motilal Ghimire, 2004-2005
1996	Raphstreng, Thorthorni Tsho	不丹 Pho-chu 公河	席卷了 120 间房屋和 96474 英亩牧场	Shrestha and Aryal, 2011
1929，1932	Chong Khum-da	巴基斯坦喀喇昆仑山	造成下游印度河 1200 公里洪水	Hewitt, 1982

时 间	冰湖名称	区域	危害	文献来源
2008.05.27 – 06.24	Ghulkin Glacier lake	巴基斯坦喀喇昆仑山	致使固尔金（Ghulkin）村落部分被侵蚀，毁坏洪扎峡谷上游喀喇昆仑公路	Roohi et al.，2008
2002，2003	–	印度南达戴维国家公园	两次冰湖溃决泥石流灾害致使甘克维（Gankhwi）河被阻断并完全摧毁了奥利（Dhauli）河流域的塞盖（Saigari）村镇	Bisht et al.，2011
2002 夏	Shakhdara 源头冰湖	塔吉克斯坦帕米尔地区	摧毁下游大部分达什特（Dasht）村落，导致数十人死亡	Schneider et al.，2004；Mergili and Schneider，2011
2008.07.24	w – Zyndan Glacial Lake	吉尔吉斯斯坦	3 人罹难，大量牲畜死亡，破坏多处基础设施，并摧毁了沿途大量作物和牧场	Narama et al.，2012

第二节　中国冰湖溃决灾害时空特征

气温变暖，冰川退缩，冰湖不断扩展，冰湖面积迅速增加，冰碛湖发生溃决的可能性也随之增大。冰湖溃决灾害主要是指冰湖溃决洪水灾害和冰湖溃决泥石流灾害，后者灾损远远大于前者，因此本书研究的冰湖溃决灾害主要指冰湖溃决泥石流灾害。中国冰湖溃决泥石流灾害主要集中在中国青藏高原喜马拉雅山和念青唐古拉山中东段。

一　年代际变化

自 1930 年有记录以来，中国冰湖溃决灾害发生的频次大幅增加，严重影响着承灾区人民的生命、财产以及区域交通基础设施。1930 年至今，中国有记录以来 31 个冰碛湖发生 40 次冰湖溃决事件，并产生了不同程度的灾损（Wang and Zhang，2014），每十年平均发生 5.13 次，即频率达到了两年1 次，总体上呈显著增加态势（图 3 – 2）。

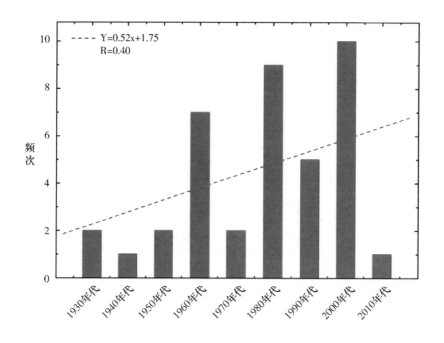

图 3 - 2   西藏自治区冰湖溃决灾害频次年代际变化趋势

1960 年代、1980 年代、2000 年代三个时期为冰湖溃决灾害频发期，其冰湖溃决灾害频次占总频数的 66.66%。其中，2000 年代属于频发期，冰湖溃决灾害发生 10 次。1990 年代冰湖溃决灾害发生次数也较多，达到了 5 次，而 1930 年代和近期冰湖溃决灾害频率较低，仅各发生 1 次。总体上可以说，西藏自治区冰湖溃决灾害极为严重，潜在威胁巨大，理应得到广泛关注（图 3 -2）。

二   空间特征

1930 年至今，在 40 次冰湖溃决灾害中，24 次发生在喜马拉雅山区，15 次发生在念青唐古拉山山区、1 次发生在唐古拉山。其中，58.97% 以上的冰湖溃决灾害事件发生在喜马拉雅山东南坡亚热带山地季风气候区的吉隆、聂拉木、亚东南部区域；以及中东部海洋型与大陆型冰川分布交汇带的洛扎、措美、工布江达、波密、林芝、边坝、索县、嘉黎，即北起丁青与索县之间唐古拉山东段的主峰布加冈日（6328 m）；向西南经嘉黎、工布江达，直抵措美、洛扎县一带的海洋型冰川区（图 3 -3；图 3 -4）。近十年，喜马拉雅山地区新增 7 次冰湖溃决灾害，分别是嘉龙湖（2002 年 5 月

23 日—6 月 29 日）、得嘎错（2002 年 9 月 18 日）、浪措湖（2007 年 8 月 1
日）、折麦错（2009 年 7 月 3 日）、次拉错（2009 年 7 月 29 日）、热次热错
（2013 年 7 月 15 日）冰湖溃决灾害（图 3-3）。

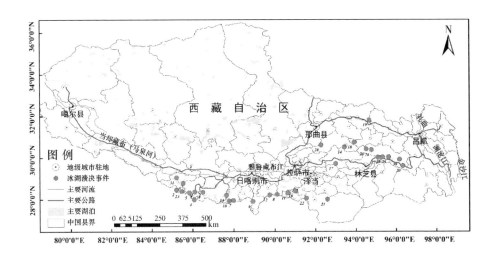

图 3-3 西藏自治区冰湖溃决灾害事件空间分布

（编码 1-31 分别为塔阿错、隆达错、扎那错、次仁玛错、嘉龙湖、穷比吓玛错、印达普错、
桑旺错、阿亚错、吉莱普错、扎日错、冲巴吓错、金错、热次热错、得噶错、得噶错西北冰湖、达
门拉咳错、次拉错、班（坡）戈错、光谢错（米堆冰湖）折麦错、浪措湖、白九错、培龙沟一冰
湖、古乡沟一冰湖、扎木弄巴冰湖、尖母普曲上游一冰湖、培龙沟一冰湖、天摩沟一冰湖、鲁姆
湖、扎嘎木冰湖）

冰湖溃决灾害空间分布规律显示：已溃决冰湖主要集中于研究区中部
区域，县域上包括聂拉木、吉隆、定日、定结、康马、亚东、洛扎、错那 8
县，其中，康马、亚东、洛扎和错那县处于海洋性与大陆性冰川分布的过
渡地带（程尊兰等，2009）（图 3-4）。过渡带上的冰碛湖坝体海拔较高，
植被稀少。同时，冰川活动性较强，特别是在盛夏乃至秋天，冰川常以冰
崩或冰滑坡形式落入冰湖，从而激起涌浪，漫过冰碛坝，使堤坝溃决。从
海拔梯度上看，已有冰湖溃决事件均发生在海拔 4500—5600 m 之间。事实
也表明，2000 年代中国喜马拉雅山 1490 个冰湖便分布于海拔 4700—5800
m 之间，数量占总数的 68.25%（Liu and Sharma，1988）。

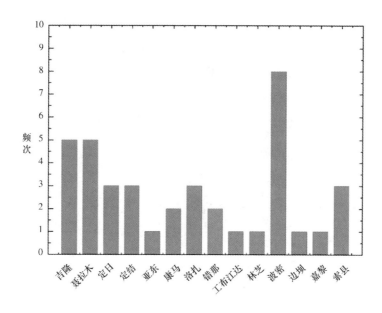

图 3-4　西藏自治区冰湖溃决灾害空间分布特征

三　冰湖溃决灾情概况

据文献统计，1950 年代至今，已有文献记录冰湖溃决灾害中累计死亡人数达 719，受灾人数达 200 多万，237 间房屋被毁。累计冲毁公路 246 公里、123 座桥梁被毁，冲毁农田 2954 公顷，累计最小经济损失达 10 亿元。冰湖溃决灾害具体灾情如表 3-2 所示：

表 3-2　　　　　　　　1935—2013 年西藏自治区冰湖溃决灾害一览

时　间	冰湖名称	地点	溃决前面积（m²）	危害程度
1935.08.28	塔阿错	聂拉木	6.30×10^5	冲埋沟口 0.067 km² 耕地
1940.07.10	穷比吓玛错	亚东	2.00×10^5	冲毁房屋 20 间，大片耕地被毁，亚东县遭受严重破坏
1954.07.16	桑旺错（色旺湖）	康马	5.375×10^6	约 400 人死亡（不含印度兵营），死亡牲畜 8649 只，毁坏农田约 866.7hm²
1962.08.26	白九错	吉隆	/	冲毁尼泊尔境内公路、桥梁、房屋等

时　间	冰湖名称	地点	溃决前面积（m²）	危害程度
1981.06	扎嘎木冰湖	吉隆	/	造成大规模泥石流，冲毁中尼公路
1964.08.25	隆达错	吉隆	4.91×10^5	泥石流堵塞何隆河
1964.09.21	吉莱普错	定结	5.25×10^5	冲走12辆卡车，冲毁公路20 km
1968.08.15 1969.08.17 1970.08.17	阿亚错	定日	4.20×10^5	泥石流到达40 km外的定日县，将下游公路铁桥冲出2 km外的朋曲
1981.06.24	扎日错	洛扎	/	致使多处桥梁被摧毁，沿线水磨房、水电站、水渠、农田、草场、房屋和生活物资等均遭受破坏
1964 1981.07.11	次仁玛错	聂拉木	4.94×10^5	致200人死亡，泥石流冲毁50 km范围的中尼公路和全部桥梁、破坏水电站设施
2000.08.06	冲巴吓错	康马	0.8×10^5	冲毁农田222亩、草场8160亩、林地80亩、水渠4600m、公路328m、桥梁10座、护河堤140m、羊圈7间
1982.08.27	金错	定结	5.12×10^5	泥石流冲毁8个村庄，19公顷耕地被摧毁
1982.08.27	印达普错	定结	1.10×10^6	泥石流冲毁8个村庄，1个村落受损严重，18.7亩耕地被摧毁，冲走1600头牲口
1995.5.26 1995.5.28	扎那错	吉隆	0.75×10^5	毁坏草场2001公顷、桥梁29座、水渠15条、水塘11座、公路28 km，边防营地交通中断近两个月
1999.05.14	得嘎错西北一冰湖	洛扎	/	沿途冲毁水渠、乡村路、牛、羊、桥梁、水磨坊、农田、林卡等，经济损失55万元以上
2002.05.23 2002.06.29	嘉龙湖	聂拉木	2.13×10^4	冲毁电站及桥梁各一座，导致樟木公路中断，毁坏大片农田和草场，经济损失约750万元
2002.09.18	得嘎错	洛扎	0.61×10^5	致9人死亡，冲毁桥梁18座、农田190.8亩，直接经济损失3000万元
2007.08.10	浪措	错那	9.00×10^4	路被切断，电讯线路受损，2 km饮水管道被淹没，冲毁边防检查站和一座跨河的钢桥，冲毁道路800 m，经济损失高达1.3亿多元

时 间	冰湖名称	地点	溃决前 面积（m²）	危害程度
2009.07.03	折麦错	错那	2.00×10^3	冲毁公路 3 km、涵洞 7 座、渠道 2 条、磨坊 1 座以及简易桥梁和居民饮水设施等，直接经济损失近百万
2002.08.19	亚优错	洛扎	1.27×10^5	/
1964.09.26	达门拉咳错	工布江达	1.89×10^5	致 1 人死亡，阻断尼洋河 10 余小时，淤埋公路 2.2 km、耕地 100 亩和 12 间房舍，大片森林和草场被毁
1983.07.29 1984.08.23 1985.06.20	培龙沟冰碛湖	波密	/	造成川藏公路南线中断 270 天，损毁人行吊桥 54 座、耕地 8 hm²、房屋 22 间、汽车 79 辆，直接经济损失 1500 万元
1988.07.15	光谢错 （米堆冰湖）	波密	5.23×10^5	致 5 人死亡，冲毁川藏公路 42 km、桥梁 18 座、民房 15 间、农田 11.4hm²、牲畜 50 多头，交通中断半年之久，直接经济损失达 1 亿元
2007.09.04	天摩沟一冰碛湖	波密	/	造成 8 人死亡，被毁民房 8 间、吊桥 1 座，冲走牲畜 40 余头，318 国道中断约 43 小时，损失达 530 万元
1931 − 6 − 8	鲁姆湖	波密	/	冲毁 32 户村民土地、房屋及其财产以及水边农田
1953.09.03	古乡沟冰湖	波密	/	致使 140 多人死亡，大量公路路基、桥梁被毁坏，耕地、林地被淤埋
2000.04.09	扎木弄巴冰湖	波密	/	形成的天然土石坝阻断易贡湖，在 62 天后溃决，形成特大规模水石流，冲毁下游公路 30 km，并使布拉马普特拉河洪水泛滥，94 人死亡，250 万人无家可归，形成跨国界灾害
1968.06 1972.07.23 1991.06.12	班(坡)戈错	索县	5.0×10^5	冲毁一些简易桥梁
1974.07.06	波戈冰川湖	丁青	/	沿河木桥全部冲走，黑（河镇）昌（都）公路部分受损

时　间	冰湖名称	地点	溃决前面积（m²）	危害程度
2008.04.09	尖母普曲上游一冰湖	林芝	/	/
2009.07.29	次拉错	边坝	/	致 2 人死亡，冲毁约 27 km 公路、2 座钢架桥、4 座混凝土桥、14 座简易木桥，冲走两辆汽车和 17 辆摩托车
2013.07.05	热次热错	嘉黎	5.70×105	致使下游 14 个行政村不同程度受灾，大片农田被淹、房屋被冲毁、牲畜被冲走，经济损失达 2 亿元

资料来源：杨宗辉，1982；徐道明、冯清华，1989；吕儒仁等，1999；朱平一等，1999；Rana et al.，2000；Mool et al.，2001；刘淑珍等，2003；Ma et al.，2004；温克刚，2005；刘伟，2006；西藏自治区地质环境监测总站，2004；许燕，2004；李德荣、童立强，2009；程尊兰等，2009；舒友峰，2011；姚晓军等，2014。

　　1964 年 9 月 26 日，西藏自治区工布江达县唐不朗沟达门拉咳错冰湖溃决，造成尼洋河堵塞，约 2.20 km 长的川藏公路被淤埋在厚度超过 4 m 的巨砾石滩和泥沙下，阻塞交通 20 天，迫使公路改线上移至沟口。扇形地上 7 户居民 12 间房屋被埋，35 人无家可归，100 亩耕地被掩埋，1 人死亡。唐不朗沟从沟口至海拔 5000 m 共四个牧场，泥石流冲毁了下面两个半牧场，剩下半个牧场因道路难行无法利用，海拔 4800 m 的第四个牧场，也因沟谷不能通行而难以利用。海拔 4800 m 以下的主沟两岸大片森林被毁（吴秀山，2014）。1981 年 7 月 11 日，聂拉木县波曲河章藏布沟源头次仁玛错（冰碛阻塞湖）溃决，溃决泥石流使尼泊尔境内的孙科西（Sunkoshi）水电站被冲毁，尼泊尔境内死亡 200 人，摧毁了近 50 km 范围内的中尼公路及包括友谊桥、普尔平桥在内的全部桥涵，沿途 60 km 范围内村庄和道路都受到损害，造成直接经济损失 72 亿尼币（约 7 亿人民币），间接经济损失 138 亿尼币（约 14 亿人民币），总经济损失 3 亿美元，约占当年尼泊尔全国经济收入的 20%（徐道明、冯清华，1989；Menon and Schwahz，1992）。1988 年 7 月 15 日，位于波密县贡扎冰川末端的光谢错因冰滑和渗流破坏共同作用产生溃决，据灾后调查核实：冲毁房屋 15 间、牧场 1 处、农田 11.4hm²，冲走家畜 57 头、粮食 31.5 吨，直接经济损失 22 万元，灾害还冲毁大小桥梁 18 座，川藏公路 22.8km，交通中断达半年之久，其后两年内耗资 300 多万抢修便道。沿途通信线路几乎全毁。公路、通信两项损失共计达 600 万元，估计全面恢复所需费用将超 1 亿元（吴秀山，2014）。2007 年 8 月 10 日，错那县太宗山浪措湖因长时间的强降雨漫顶决堤，引发数十万方的山洪及泥石流，冲入落差 1900 多米的娘姆江，导致娘姆江 1500m 河段抬高近 10 m，河面宽度增加 30 余米。边防公路被毁 800 多米，钢架大桥、检查站和 2000 m 饮水管道被完全冲毁，直接经济损失 1000 多万元，威胁到边防营数百名官兵和勒乡 100 多名群众的安全（董晓辉，2008）。2013 年 7 月 5 日，嘉黎县忠玉乡热次热错冰湖发生溃决，形成洪水与冰川泥石流灾害，致使下游 14 个行政村不同程度受灾，大片农田被淹、房屋被冲毁、牲畜被冲走。泥石流还堵塞沟道形成了两处堰塞湖。

第三节　冰湖溃决机理与成灾条件分析

一　冰湖溃决诱因

冰湖溃决致灾诱因是指导致冰碛湖溃决的诸类因素。冰碛湖溃决诱因分为外部诱因（如冰/雪崩、暴雨、冰川跃动、地震等）和内部诱因（如冰碛坝内死冰消融、堤坝管涌扩大、冰内湖水释放等）（Clague and Evans，2000）。外部诱因常常引起冰碛湖自身状态失衡，许多冰湖往往是某一种诱因激发其它因素改变，或者多种诱因共同作用导致冰碛湖溃决（Liboutry et al.，1977）。另外，冰湖侧碛垄失稳下滑，亦可激起冰湖涌浪翻堤或冲毁终碛垄造成冰湖溃决继而发展成泥石流。主沟冰川（冰湖）或主沟河水对支沟冰湖终碛的切蚀、冲蚀破坏导致终碛垄泄水口加速向源侵蚀，从而造成支沟冰湖溃决（陈宇棠，2008）。

总体上，冰湖溃决事件发生的主要条件有以下 7 个：（1）冰湖类型为冰碛湖；（2）冰湖与冰川的距离很近或者相连；（3）冰湖与冰舌之间的坡度很陡；（4）冰川变化速度很快；（5）存在强降雨和高温或高辐射；（6）冰湖堤坝的形状不利于排水，以及堤坝的组成结构不稳定；（7）冰碛坝存在死冰（Liu and Sharma，1988；Westoby et al.，2014）。其他导致冰湖溃决的因素如图 3 - 5 所示。

图 3 - 5　冰湖溃决潜在触发因素

注：1. 冰湖溃决潜在触发因子包括（A）冰川末端冰崩、冰滑坡，（B）悬冰川冰崩，（C）雪崩、岩崩、滑坡，（D）冰碛坝沉降或管涌，（E）冰碛坝体内死冰消融，（F）冰前、冰面、冰下、冰体内径流向冰湖的快速进入，（G）坝体溃决的地震条件因子［（a）冰湖库容；（b）坝体底部宽度与坝高比；（c）坝体死冰消融；（d）有限的坝体超出湖水位距离］。2. 冰湖溃决主要阶段包括（1）冰湖涌浪的形成及其位移或坝体管涌，（2）坝体裂口萌生和形成，（3）溃决产生的洪水波向下游河谷的传播（Richardson and Reynolds，2000；Westoby et al.，2014）。

二　冰湖溃决机理

冰湖溃决机理是指冰碛湖溃决的形成及其演化过程（Kershaw，2002）。影响冰湖溃决及演化因素较多，且相互影响、相互制约。冰湖溃决机理研究也变得较为复杂。根据成因可将冰碛湖溃决分为四类：（1）溢流型溃决，包括漫溢向源侵蚀型、冰滑/冰坠涌浪翻坝型两类。由于冰崩体突入湖中，使水位上涨并叠加涌浪，使湖水外溢导致冰湖溃决，或暴雨、冰川融水使溢流口水位上涨，流速增大，下切侵蚀加强，当侵蚀超过一定门限值时导致突然溃坝形成洪水（崔鹏等，2003）。（2）渗流/管涌溃坝洪水，终碛堤内死冰融沉导致的渗流/管涌使终碛堤破坏，最终溃坝形成洪水。（3）瞬间溃坝洪水，由于地震等因素导致冰碛坝突然垮塌形成。（4）旁沟冲刷侵蚀型，当冰碛坝坝脚存在旁沟水流冲刷时，坝脚冰碛湖将逐渐变形滑落崩塌，削弱坝基稳定性，进而发生旁沟冲刷型瞬时局部溃决。（5）多种溃决机制组合，开始是冰崩落入湖中产生漫顶洪水，然后漫顶洪水侵蚀作用导致冰碛坝溃决形成洪水（Kershaw et al.，2005）。

张祥松等（1989）考察了新疆叶尔羌河，系统地分析了冰川洪水形成的自然地理条件、冰川进退变化与突发洪水的原因以及冰川阻塞湖突发性洪水的排水机制。崔鹏等（2003）分析了由冰滑坡和冰崩入湖导致的冰湖溃决的机理和条件，调查了影响冰湖溃决泥石流演化的因素，归纳出冰湖溃决泥石流沿程演化模式，具体为冰湖溃决洪水、溃决洪水—稀性泥石流、溃决洪水—黏性泥石流、溃决洪水—稀性泥石流—黏性泥石流、溃决洪水—黏性泥石流—稀性泥石流、溃决洪水—稀性泥石流—黏性泥石流—稀性泥石流、溃决洪水—黏性泥石流—稀性泥石流—洪水七种类型。陈晓清等（2004）按坝体溃决持续时间和溃决状态，将冰碛湖溃决分为瞬时全部溃决、瞬时局部溃决和逐渐溃决型三类。其中，发生冰湖溃决灾害的冰湖，其溃决类型主要为冰滑/冰坠涌浪翻坝型，约占中国喜马拉雅山地区已发生的十几次冰碛湖溃决灾害事件的70%以上。陈宇棠（2008）分析了喜马拉雅山冰湖溃决泥石流的形成条件，并对冰湖溃决地质灾害成因机制进行了解析，特别是提出了冰川终碛垄不均匀松散堆积物的渗透变形—沉陷亦是冰湖溃决的主要因素之一。

冰湖变化特征与全球气候变暖紧密相连，而冰川消融则是引起冰湖溃决洪水和泥石流灾害的重要原因。一方面，大量的冰川融水使冰湖水位高涨；另一方面，当冰舌末端发生冰崩或冰川末端发生跃动，大量冰体落入冰湖，亦可致使水位猛涨，造成湖水漫坝溢流，或水位升高、净水压力增加、管涌迅速扩大导致湖堤垮坝，造成洪水乃至冰川泥石流等次生灾害。冰湖溃决洪水灾害往往对下游的房屋、道路、桥梁和人民的生命财产造成很大的危险（Clarke，1982、1984；Richardson and Reynolds，2000）。程尊兰等（2003）、刘伟（2006）分别从冰川变化、冰川湖规模，以及温度、降水、地形、物源、激发过程等外部因素入手，分析了西藏自治区典型冰湖溃决洪水泥石流的形成条件，并对冰湖溃决型泥石流的形成机制与危害进行了分析。Mckillop 和 Clague（2007）利用 logistic 回归方法对加拿大南海岸山区 175 个冰川终碛湖的编目资料进行分析，确定了辨识非排泄冰湖转变为排泄冰湖的四个独立预测变量，包括冰碛高宽比、冰碛内是否存在死冰、冰湖面积以及形成冰碛物质的主要岩性，并建立了冰湖溃决概率估算的模型。徐道明等（1989）研究发现喜马拉雅山地区气候由相对湿冷年代向干暖年代转折的时期是冰碛湖溃决的主要时期。又有研究（Liu and Sharma, 1988）认为西藏的溃决冰湖主要分布在海洋性冰川向大陆性冰川的过渡带。刘晶晶等（2008）通过对西藏冰湖溃决事件的分析，研究发现冰湖溃决事件基本都发生于 5—9 月间，尤其是 7—8 月，与气候异常年份有显著的对应关系，且多属于瞬时溃决类型，溃决洪水呈单峰型、峰值大和最大峰值持续时间短、呈现陡升陡落趋势。程尊兰等（2008）提出气温和降雨是冰碛湖溃决形成诸因素中最重要、最根本的诱发因素。Chen 等（2010）利用近 50 年叶尔羌河流域冰湖溃决洪水事件与气候变化数据，调查了流域气温与降水的长期变化趋势、冰川洪水特征、突发性冰川洪水原因，结果显示，夏秋季节山区明显的增温加速了冰川的消融速率和冰湖溃决的频率。王欣等（2009）根据对中国 15 次已溃决冰碛湖当年气候背景的分析和度量，认为冰碛湖发生的气候背景可分为暖湿、暖干、冷湿和接近常态四种状态。其中，四种状态发生频率分别为 40%、34%、13%、13%。总体而言，溃决危险性冰湖往往具有冰川地貌陡倾（冰舌至冰湖平均坡度、沟道平均坡度）、冰川活动频繁（冰川跃动和强烈消融）、湖盆规模较大（库容）、冰碛堤稳定性（坝宽高比、背水坡坡度和冰碛物平均粒径）以及气候湿热（湿热、干热、湿冷和干冷气候特征）五大特征。

三　冰湖溃决成灾条件

冰湖溃决的发生是冰湖区地形地貌条件和气候背景两者综合作用的产物。冰湖溃决灾害是冰湖溃决致灾因子、孕灾环境、承灾体共同作用的结果，存在大量的不确定性和模糊性，诱因很多，亦很复杂，其诱因相互影响、相互制约，进而决定了冰湖溃决灾害具有突发性、区域性、难预测性和破坏力大等特点。

（一）气候条件

冰川的进退、积累和消融，都受制于气候的干、湿、冷、暖变化，即与温度和降水密切相关（中国科学院地理研究所，1977），而冰川的积累消融、前进和后退则影响冰湖的发育与溃决的形成。可以说，气候条件与喜马拉雅山地区的冰湖溃决的发生密切相关。在海洋性冰川与大陆性冰川以及它们之间的过渡带上，水热组合的变化同样影响着冰川的积累和前进、退缩，只是没有海洋性冰川那样反应迅速。所以，水热组合变化与冰川消退是有密切关系的。温度的升降变化与降水的多少在时空上的共存关系称为水热组合。水热组合一般被分为四种类型：即湿热、湿冷、干热（暖）、干冷类型。湿热气候有利于冰川的积累和前进，湿热和干热（暖）气候使冰川强烈消融、变薄和冰塔林出现以致消退。湿冷气候有利于冰雪积累，而不利于消融。干热（暖）气候对冰川消融最为有利，而不利于冰雪积累，一般地说同样有利于冰湖溃决。干冷气候既不利于冰川积累，也不利于冰雪消融，很少爆发冰川泥石流。总体上，相对湿热和干暖气候更易于激发出现冰湖溃决，相对湿冷、干冷气候激发溃决现象则较少。冰川活动水平与气温降水密切相关。相对湿热、干暖年代冰温较高、冰川消融加速，冰川末端崩滑强烈。冰崩体激起涌浪，漫溢堤坝，造成冲刷，进而致使溃决。

剧烈升温且伴随着丰富降水而形成的湿热或暖热气候，或者相对于湿冷年份的气温大幅回升且降水量相对减少的干暖（热）气候则大大有利于冰川积雪的强烈消融，这为冰崩、冰滑坡的发生提供了一定的气候条件。这种气候突变年份里夏秋季节的冰雪强烈消融，以及降水释放潜热的综合作用（水热积累）到了一定程度，就极容易导致冰湖溃决。在湿热、湿冷、干热（暖）和干冷四种水热组合中，以湿热、干热（暖）两种激发出现的冰湖溃决泥石流最多，且多发生在夜晚；湿冷和干冷最少，且多发生在白天（庄树裕，2010）。

喜马拉雅山冰湖溃决泥石流多发生在由冷转暖和高温季节，已溃决冰湖中71.43%发生在7—8月份，9月次之，这一时期也是冰湖溃决灾害发生的频发期。受季风气候影响，喜马拉雅山气温升高，降雨增多，呈雨热期。该时期，气温较高，降水丰富，水热组合为湿热或湿冷状态，导致冰川（特别是冰舌）强烈消融，冰川融水、冰崩体或冰川跃动体随即汇集于冰湖，导致湖水水位骤然上升、冰湖迅速扩张，或激起或产生巨大涌浪和冲击波，从而使冰湖坝体薄弱处形成溃口，最终导致冰湖溃决灾害。同时，短时高强度降雨也是导致湖水水位快速上升而诱发冰湖溃决的重要因子。总体上，冰湖溃决灾害发生区域的气温普遍较高，°降水较为丰富，从而形成了冰湖溃决灾害发生的气候背景。例如，2002年9月18日，洛扎县得嘎错发生溃决，造成巨大的经济损失。溃决时间发生在夏末秋初，就水热组合状况而言，属于干冷组合。该时期冰湖地带气温在 9—10.8℃，该冰湖与 1981 年洛扎县溃决冰湖扎日错、1964 年定结县吉莱普错冰湖地处同纬度地带。1964 年 9 月，定结县吉莱普错发生溃决，该时期邻近气象站数据显示定日县降水仅 8.8 mm，仅占全年降水总量的 3.0%。当月平均气温较历年 9 月气温偏高，仅次于 1961 年 9 月的均温。

（二）水源条件

冰湖溃决灾害水源主要来自冰湖本身及其母冰川融水和降雨三部分。湖盆周围的冰川发育为冰湖溃决提供了消融水源。在有利于冰川积雪消融的相对暖干和暖湿时期，湖盆周围有充足的消融水源。从水源角度来说，湖盆周围冰川作用区水源对冰湖溃决影响巨大。冰湖溃决的水源条件包括三个方面：一是冰湖本身的储水量，二是冰湖受补给的水量（由冰雪消融水和降水组成），三是进入冰湖的冰/雪崩体。三者在冰湖溃决发生中共同起作用，如果冰湖本身储水量小，冰雪消融水量及其冰/雪崩体补给量再大，对于处于很长一段时间以来保持排泄平衡的冰湖来说也难以造成溃决灾害；而如果冰湖储水量很大，但是受补给量太小，同样难已造成溃决。也就是说，对于一个现代冰湖，冰雪补给面积越大，其消融水量就越多，冰/雪崩体规模越大，汇集到冰湖内的水量就越大，这将导致冰湖水量平衡，使坝体失衡，进而导致溃决。冰湖水源区补给范围既决定了冰川规模，又决定着冰湖大小。一般来说，冰雪补给面积大于 2 km² 才形成一定规模的冰湖，冰湖数量与冰川分布密切相关。因此，冰湖集中分布且可能发生溃决的前提是有足够降水和较大冰雪补给面积。冰湖面积和冰湖库容是决定冰湖溃决的重要影响因素。库容太小冰湖决堤，其溃决灾害危害极大。根据统计分析，目前所溃决的冰湖面积在 $1.89 \times 10^5 m^2$—$5.375 \times 10^6 m^2$ 之间，库容在 $6.07 \times 10^4 m^3$—$1.5 \times 10^7 m^3$ 之间。库容小于 $5.0 \times 10^4 m^3$ 时发生溃决造成灾害的可能性较小（庄树裕，2010）。

（三）地形条件

冰湖溃决灾害发生的地形条件包括冰湖后缘（母）冰川坡度、母冰川至冰湖段坡度、坝体背水坡坡度，以及下游沟道坡度。从海拔梯度上看，已有冰湖溃决事件均发生在海拔 4500—5600 m 之间。事实也表明，2000 年代中国喜马拉雅山 1490 个冰湖便分布于海拔 4700—5800 m，占总数的 68.25%。

冰舌表面坡度变化对冰湖溃决作用很大。母冰川及冰舌坡度越大，冰体越容易跃动、崩塌，大量冰体进入冰湖，形成巨浪，从而导致冰湖溃决。Quincey（2007）认为：冰川表面 2°坡度是冰湖形成的一个阈值。当坡度小于 2°时，利用冰湖形成；当大于 2°时，冰川速度几乎为零，不利于冰湖形成；若冰川有一定速度时，冰湖更难形成。

终碛堤坝顶的宽度越大，冰湖越不易溃决。冰湖侧碛垄高度较大、坡度较陡，在降水和冰川融水明显增多的前提下，侧碛越容易失稳而发生大规模崩塌或滑坡。当崩塌规模较大时，也会形成涌浪导致冰湖溃决。

另外，冰湖下游主沟沟床纵降比也是溃决泥石流形成的重要因素，沟床纵降比越大越引发冰湖溃决泥石流灾害的形成，因为较大的沟床纵降比加速了溃决洪水/泥石流的速度并减弱了携带泥沙能力。研究已显示：喜马拉雅山区历史上已发大型泥石流的主沟道比降在 200‰—100‰之间最多（138 条），比降在 300‰—200‰之间泥石流沟有 87 条，比降小于 100‰的泥石流沟有 71 条。由此可见，沟道比降过大时碎屑物不易在原地留存，难以形成大型泥石流（童立强等，2013）。其中，部分泥石流属于冰湖溃决型泥石流。沟道地形条件还决定冰湖溃决泥石流的最远演进距离和最大淹没面积。Huggel（2002）通过对阿尔卑斯山地区已经发生溃决的冰湖产生洪水进行研究，将洪水或者泥石流移动的停滞角定为 11°，并将这一成果应用于冰湖溃决洪水最远距离的估算中。McKillop 和 Clague（2007）则通过对加拿大哥伦比亚地区的冰湖溃决洪水/泥石流进行研究，把停滞角降低为 10°。

（四）物源条件

冰湖溃决泥石流发育的基本条件是拥有丰富的松散固体物质。松散固体物质的丰富程度控制着泥石流的空间分布与规模。研究区已发泥石流的流域内，工程地质岩组面积分布比例较大的分别是软弱岩夹较软弱岩岩组、较坚硬岩与软弱岩互层岩岩组、较软弱岩夹软弱岩岩组、较软弱岩岩组、较坚硬岩夹软弱岩岩组。相对来说，比较软弱的岩石更易于为泥石流的发育提供物源。软硬岩互层岩岩组由于易发生崩塌、滑坡等，也为沟谷泥石流的形成提供了物源条件（水利部长江水利委员会长江科学院，1995）。

同样，研究区冰湖溃决灾害发育的物源条件显示：喜马拉雅山山高谷深，地形陡峻，河流切割较深且大部分沟谷呈"V"形特征。其间，分布有大面积的软弱—较坚硬岩类工程地质岩组。强烈的新构造运动及地震活动改变了岩土体内部应力状态，破坏了岩土体稳定性，表层风化强烈，物质基础丰富，主沟及沿坡岩类土体和冰碛沉积松散物质广布，这为冰湖溃决泥石流灾害的形成提供了物源条件。

巨大的溃决洪水流速为沟床内松散物质的起动提供了强大的水动力条件，在松散物质丰富的沟道，冰湖溃决将直接化成泥石流。只要存在有利的沟道坡度和丰富的松散物质，溃决洪水即可演化为泥石流。当冰湖库容越大，溃决泥石流持续时间越长，泥石流总量则越大（崔鹏等，2014）。

另外，冰碛湖坝体松散物质也是冰湖溃决灾害的重要物源条件。冰湖侧碛和终碛堤坝内死冰体消融时，上部松散物质将下陷，当涌浪产生、坝体管涌时，这些物质将随溃决洪水一起下泄至下游沟道。

（五）承灾体条件

冰湖溃决灾害不仅取决于致灾体冰湖本身，而且取决于主沟沟床地质条件、主沟纵坡降大小、松散物质情况，同时更主要取决于沟谷下游沿段和下游居民住房、牲畜、耕地、公共设施及其交通网络布局情况，冰湖溃决灾害对象即为上述承灾体。可以说，承灾体的存在是冰湖溃决灾害发生的必要因素，其承灾体主要包括人口、牲畜、耕地、道路、桥梁、房屋等。例如，冰湖溃决频发区的喜马拉雅山中段日喀则地区20世纪上半叶人口总量较少且增长缓慢，在20世纪下半叶一直徘徊在8万人左右，1982年为6.48万人。截至2014年，人口达到11.46万人，31年间人口仅增加了4.98万人，且绝大多数人口分布在河谷经济发展区。同期，日喀则地区经济规模提升速度非常快，2014年保护区的GDP达到18.51亿元，按可比价计算，为1995年的24倍。2000年以来，经济进入持续、快速发展期，经济增长率基本保持在10%以上。2005年，日喀则地区耕地面积17.09万公顷。2014年，耕地面积增至18.24万公顷。2005—2014年的8年间增加了1.15万公顷。2005年，日喀则地区牧区牲畜存栏量563.8万只，之后呈现下降趋势，经过多年实施大规模草原奖励补助政策后，截至2014年年底，日喀则地区存栏量降至472.10万只，这10年间牲畜数量减少162.65%，但其总数量仍然很大（日喀则地区统计局，2005—2014）。该区绝大多数社区分布于陡峭、狭窄的峡谷地带，社区居民生计、生产生活高度依赖于该区脆弱的生态环境。这些社区高度缺乏土地资源，生计渠道单一，经济薄弱，应对或防范冰湖溃决灾害能力极为有限，其较高密度的承灾体和较低的抗灾性能，构成了冰湖溃决灾害形成的承灾体条件。

第四章　中国喜马拉雅山区冰湖
时空动态变化

冰湖时空动态变化分析是冰湖溃决风险辨识的基础，而潜在危险性冰湖的判别又是冰湖溃决自然事件危险性分析的基础。目前，大部分冰湖溃决危险性监测主要依赖于对遥感影像的解译和辨识。本章参考国际山地综合发展中心（ICIMOD）相关潜在危险性冰湖的判别依据，提出了潜在危险性冰湖的判别标准。同时，对研究区冰湖、潜在危险性冰湖时空动态特征进行了系统分析。

第一节　冰湖空间分布

一　冰湖数量

中国境内喜马拉雅山系共发育有冰川6472条，冰川面积8418 km²，冰储量712 km³（施雅风，2005、2008），分别占整个喜马拉雅山山系冰川总量的35.83 %、23.98%和19.07 %。中国喜马拉雅山区，即北面以噶尔藏布—玛旁雍错—雅鲁藏布江为界，南面以中国—印度—不丹—尼泊尔国界为界。目前，中国喜马拉雅山区冰湖总数为1680个（≥0.002 km²），总面积为215.28 km²，主要冰湖类型有冰碛湖、冰面湖、冰蚀湖、冰斗湖、冰坝湖、槽谷湖等。其中，冰碛湖数量最多，占73.6%；其次为河谷/槽谷湖，占16.6%；冰面湖、冰蚀湖和冰斗湖分别占1.8 %、3.5%和4.5 %（王欣等，2010）；冰坝湖则分布最少。本书则主要分析面积大于0.02 km²的潜在危险性冰碛湖。据研究，2010年代中国喜马拉雅山区面积大于0.02 km²危险性冰湖共计329个。其中，大于0.5 km²的冰湖61个，大于0.5 km²的冰湖23个。

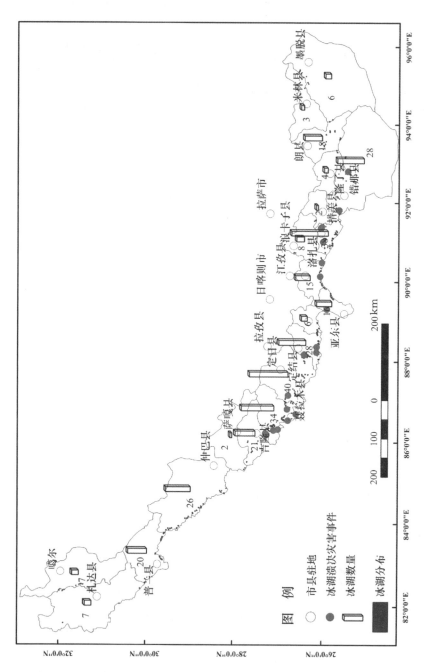

图 •••• 喜马拉雅山区危险性冰湖空间分布

根据区域内地形和气候特征、冰川类型及其对气候变化的敏感性程度，本书主要以萨嘎和康马县为界将喜马拉雅山分为西段、中段、东段三部分。喜马拉雅山中段危险性冰湖160个，东段为107个，而西段仅为62个。中段冰湖分布明显多于东段和西段，其中东段冰湖数量占整个研究区冰湖数量的81.16%（图4-1）。在县域尺度上，危险性冰湖主要分布在喜马拉雅山中段的聂拉木县、定日县、定结县和东段的洛扎县和错那县，其冰湖数量均超过了25个。其中，定日县危险性冰湖数量最多，达40个；其次为洛扎县和聂拉木县，危险性冰湖分别为38个和34个。定结县、错那县和仲巴县也拥有较多的危险性冰湖，冰湖数量分别为28个、28个和26个。同时，西段普兰县，中段吉隆县、亚东县、康马县，东段朗县也拥有较多的危险性冰湖，数量介于15—21个。相比而言，其他县域危险性冰湖数量较少，冰湖数量介于2—8个。由图4-1也可以看出，冰湖数量较多的区域与冰湖溃决灾害已发区域基本一致。

二 冰湖面积

2010年代整个喜马拉雅山区危险性冰湖面积125.43 km²，其冰湖面积分布基本与冰湖数量分布一致，主要分布在喜马拉雅山中东段，西段分布较少。西段、中段、东段危险性冰湖面积分别为20.09km²、77km²和28.34km²（图4-2）。

聂拉木冰湖数量（34）居研究区第三位，但冰湖面积最大，达28.74 km²。定日冰湖数量（40）居第一位，面积16.94 km²，却排第二位。洛扎冰湖数量（38）居第二位，冰湖面积达14.85 km²，位列第三。定结县、仲巴县、康马县拥有较大冰湖面积，冰湖面积分别达11.94km²、12.80km²和11.54 km²。错那县、普兰县、吉隆县、朗县、亚东县拥有较小冰湖面积，其冰湖面积分别达3.54km²、5.52km²、2.90km²、3.03km²和3.16 km²。浪卡子县、岗巴县、墨脱县、隆子县和米林县拥有较小的冰湖面积，冰湖面积分别达2.83km²、1.78km²、1.26km²、1.55km²和1.21 km²。札达县、噶尔县、萨嘎县、措美县危险性冰湖面积则更小，面积分别为0.81km²、0.70km²、0.26km²和0.06 km²，均不足1 km²。在空间分布上，冰湖数量和面积主要集中于喜马拉雅山中段的吉隆县、聂拉木县、定日县、定结县，以及喜马拉雅山东端西部的洛扎县、康马县和亚东县，其 7 个县冰湖数量和面积分别为 254 个和 110 km²，分别占研究区 20 个县冰湖数量和面积的 77.20% 和 87.70%（图 4-2）。

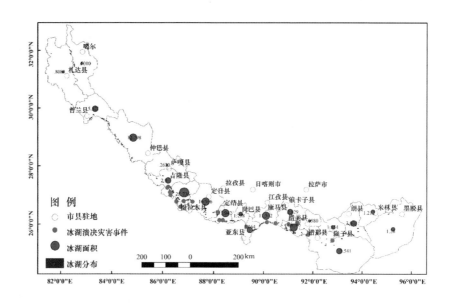

图 4-2　喜马拉雅山区危险性冰湖在县域尺度上的面积分布

第二节　冰湖变化趋势

对比两期（1970 年代—1980 年代和 2004—2008 年）冰湖编目数据，近 30 年来，本区冰湖数量由 1750 个减少到 1680 个，冰湖总数减少了 4%，总面积增加了 29%。近 30 年，有 294 个冰湖消失，新增加 224 个冰湖。变化最快的为冰碛湖，在消失的冰湖中 66% 为冰碛湖，新增加的冰湖中 88% 同样为冰碛湖。近 30 年，中国喜马拉雅山地区冰湖变化总体呈现"数量减少、面积增大"的趋势（王欣等，2010）。在本研究中，1990 年代至 2010 年代，危险性冰湖数量并未变化（因面积较大，且未溃决），但冰湖面积扩张迅速。1990 年代—2010 年代，喜马拉雅山区冰碛湖面积总体变化率为 20.545%。总体上，喜马拉雅山中西段冰湖面积变化较东段要快，这与喜马拉雅山中西段冰川较东段冰川消融更为迅速有关（1972—2010 年），其冰川在 1990 年之后加速退缩，尤其是西段、中段加速特征更为明显（吕卉，2013）。其中，札达县、仲巴县、洛扎县、定结县、浪卡子县、隆子县、聂拉木县、吉隆县冰碛湖面积变化率均超过了研究区平均水平，分别达 76.57%、49.60%、36.50%、35.51%、34.81%、32.89%、30.50% 和 27.87%。此类地区冰湖面积变化快，应给予重点防范。噶尔县、错那县、定日县、普兰县、康马县冰湖面积增速在 10%—20% 之间，分别达 17.05%、16.69%、15.35%、15.99% 和 10.81%，此类地区冰湖亦应给予重视。朗县、墨脱县、措美县、亚东县、岗巴县冰湖面积变化较小，增速分别为 6.32%、5.31%、4.64%、2.11% 和 1.70%，均低于 10% 的增速。相反，米林县和萨嘎县冰湖面积则出现了减小态势，增速分别达 −1.15% 和 −7.19%（图 4 − 3）。此类地区，极有可能存在冰湖溃决事件的发生，应该加强对已溃冰湖的实地勘查和数据资料的搜集，为今后预防冰湖溃决灾害提供基础资料。

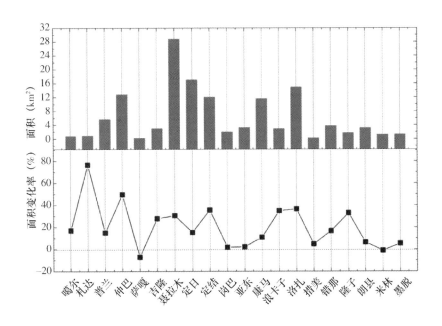

图 4 − 3　喜马拉雅山区冰湖面积变化趋势

第三节　气候背景分析

冰湖扩张是区域气候变化的结果，为客观分析研究区冰湖时空演进特征，就需对区域气候条件进行系统分析。依照山系大致把喜马拉雅山分为三段（秦大河，1999）：（1）西段，南迦帕尔巴特峰—纳木那尼峰；（2）中段，纳木那尼峰—卓莫拉日峰；（3）东段，卓莫拉日峰—南迦巴瓦峰。综合考虑地理分布均匀性和站点资料的完整性等因素选择典型气象站点：西段包括狮泉河、普兰 2 个站；中段包括定日、拉孜、聂拉木、帕里 5 个站；东段包括错那、隆子、米林 3 个站，共计 10 个气象站，观测期为1971—2011 年，部分为 1991—2011 年（见表 4-1）。

表 4-1　　　喜马拉雅山区及邻近区域气象站及其气温、降水变化

	年均温 （°C）	年际变化率 （°C/10a）	年均降水 （mm）	年际变化率 （mm/10a）	数据间隔
狮泉河	0.8	0.42	70.59	−6.2	1971—2011 年
普　兰	3.54	0.45	154.24	−8.89	1973—2011 年
聂拉木	3.79	0.29	653.36	−25.21	1971—2011 年
定　日	3.08	0.37	298.29	6.09	1971—2011 年
拉　孜	7.06	0.52	329.21	36.67	1981—2011 年
浪卡子	3.37	0.64	379.63	16.1	1991—2011 年
错　那	−0.06	0.34	410.87	12.23	1971—2011 年
隆　子	5.5	0.23	286.09	10.72	1971—2011 年
帕　里	0.36	0.24	442.81	8.27	1971—2011 年
米　林	8.8	0.63	708.79	−66.88	1991—2011 年

一　气温变化

如果仅考虑 1961 年以来的平均升温率，则喜马拉雅山区多年平均气温达 3.32 ℃，1961—2010 年平均线性升温速达 0.38 ℃/10a，超过了青藏高原的平均升温率（0.25—0.37 ℃/10a）（李林等，2010）。喜马拉雅山北坡各站和南坡各站平均的升温率分别为 0.46 ℃/10a 和 0.22 ℃/10a，北坡升温率超过南坡的两倍；而中段和东段的升温率均为 0.37 ℃/10a，接近西段升温率（0.25 ℃/10a）的 1.5 倍。不同地段北坡的升温率均超过南坡（张

东启等，2012）。在整个喜马拉雅山区多年增温幅度最大的区域为米林和朗卡子气象站，其多年增温率分别达到了 0.64℃/10a 和0.63 ℃/10a,隆子、帕里和聂拉木气象站多年气温倾向率均未超过0.30℃/10a。其他站点多年气温倾向率介于 0.30—0.60 ℃/10a 之间。

　　由于1970年代之前资料缺测较多，此处仅计算1970年以来各年代各站平均气温的变化（因米林站仅有20年资料，此处计算平均值时不包括米林站，下同）。自1970年以来喜马拉雅山区气温在持续上升，1970年代—2000年代4个年代平均气温分别为6.72℃、6.79℃、7.07℃和7.81℃，2000年代平均气温比1970年代平均气温升高了0.90℃，比1970—2000年平均值升高了0.95℃，与1980—2010年气温平均值相比则升高了0.59℃。喜马拉雅山各站平均气温变化率从1970年代开始至1990年代持续增大，1970年代各站平均升温率仅0.15℃/10a，1980年代增加到0.54℃/10a，到1990年代升温率达到最大，约为0.85℃/10a，2000年代升温率虽有所放缓，但也达到0.66℃/10a。其中，喜马拉雅山中段（自西向东包括吉隆县、聂拉木县、定日县、定结县）1961—2014年多年平均气温为 -4—3℃,空间分布表现为由东南向西北递减的趋势。其中东南部的定结县年均气温 -1—3℃，中部的定日县为 -3—3℃，聂拉木县为 -3—0℃，位于西北部的吉隆县为 -4— -1℃。冬季气温的空间分布仍表现为由东南向西北递减的趋势，定结县冬季平均气温在 -7— -5℃ 之间，定日县为 -9— -5℃，聂拉木县为 -8— -5℃，吉隆县最低为 -9— -7℃；夏季平均气温相对较高，多在5℃以上，其中东南部为7—10℃，西北部为4—6℃（Xu et al.，2009；吴佳和高学杰，2012）。

二　降水变化

　　喜马拉雅山多年平均降水量达355.44 mm，从各地段变化情况来看，除西段南坡降水变化率为负以外，其他地段南北坡平均降水变化率都为正值。1970年以来喜马拉雅山11个气象站平均降水变化率为 -0.2 mm/10a，趋势不显著。其中，西段平均降水变化率为 -25.9 mm/10a，中段平均为11.2 mm/10a，而东段平均为14.9 mm/10a。其中，研究区朗卡子、错那和隆子气象站多年平均降水呈现较为明显的增加趋势，增幅分别达到了16.1 mm/

10a、12.23 mm/10a 和 10.72 mm/10a，帕里、定日呈微弱增加态势。研究区西段的狮泉河、普兰气象站多年平均降水呈微弱的减少态势；而中段聂拉木站和东段米林站多年平均降水则呈较为明显的减少趋势，减幅分别达 25.21 mm/10a 和 66.88 mm/10a。

1970 年代喜马拉雅山绝大部分站点各年代的降水距平百分率在 20% 以内。从 1970 年代至 1990 年代的 30 年间，喜马拉雅山区的降水年代际变率从 2.18 mm/a 增加到 10.35 mm/a，表明降水呈微小增加趋势。进入 21 世纪以来，这一趋势发生逆转，整个山区 2000 年代的降水年代际变率为 −5.03 mm/a，表明整个山区的降水略呈减少的趋势。

喜马拉雅山西段自 1970 年代以来降水变化率一直在减少，表明该段在变干；中段地区 1970 年代至 1990 年代降水有较明显增加趋势，但 2000 年代开始减少；东段地区近 40 年降水变化率以 1980 年代降水增加最多，之后增加量逐渐减少，2000 年代则没有明显变化。

从南北坡的对比情况看，喜马拉雅山北坡 4 个年代降水变化率都为正值，且从 1970 年代至 1990 年代略有增加，但 2000 年代的变化率接近零。而南坡在 2000 年以前变化趋势与北坡一致，即略呈增加趋势，2000 年代有较大减少。其中，喜马拉雅山中段 1961—2014 年多年平均降水呈现由南向北递减的趋势，降水高值中心位于西南部的喜马拉雅山脉，达到 550—600 mm，而北部年平均降水则在 375—425 mm 之间，东部定结县年均降水为 425—475 mm。

冬季降水的空间分布表现为由西南向东北递减的特征，西南部的降水为 50—100 mm；而东北部降水较少，平均为 5—15 mm。夏季降水受南亚季风的影响显著增加，并呈现出由东向西递减的空间分布特征。其中，东部降水达到 300—350 mm，中部为 250—300 mm，而西北部的降水也达到了 175—200 mm（Xu et al.，2009；吴佳和高学杰，2012）。

第四节　喜马拉雅山中段南北坡冰湖变化对比

喜马拉雅山中段无疑是全球冰湖溃决最频繁的地区之一，而中国—尼泊尔科西河流域则是整个喜马拉雅山地区冰湖溃决灾害发生最为严重的流域。系统分析中尼科西河流域（喜马拉雅山南北坡）冰湖变化，对于未来该区域冰湖溃决灾害防灾减灾具有重要的现实意义。

一　科西河流域概况

科西河是中国—尼泊尔—印度 3 个国家的跨界河流，是喜马拉雅山中段的代表性流域。该河发源于喜马拉雅山区，流域顶部为世界最高峰珠穆朗玛峰。从海拔 8848 m 的珠穆朗玛峰到海拔 60 m 的印度恒河范围，其垂直落差达 8784 m。上游分为 3 支：北支阿龙河（Arun）为正源，西支为逊科西河（Sun Koshi），东支为塔木尔河（Tamor）。三者在丹库特附近汇成科西河，最后汇入印度恒河。科西河流域其他主要支流分别为利库河（Likhu）、塔玛科西河（Tama Koshi）和印德拉瓦迪河（Indrawati）（图 4 - 4）。

中国境内科西河流域主要包括朋曲、绒辖藏布、波曲三条支流，在尼泊尔分别被称为阿龙河、逊科西河和都科西河（Dudh Koshi），在中国境内长度分别为 376 km、86.5 km 和 54 km。朋曲、绒辖藏布、波曲分别发源于希夏邦马峰和珠穆朗玛峰（图 4 - 4）。流域平均径流为 1564 m^3/s（数据来源于尼泊尔 Chatara 水文站），每年约有 493 × 10^8 m^3 的径流汇入恒河并进一步汇入印度洋。与喜马拉雅山南坡大部分流域一样，科西河流域从南到北在地势上经历了从低到高又从高到低的变化过程。区域地质结构较复杂，流域地震活动较频繁，区域地震烈度为Ⅷ度，有记载的历史上发生过两次大于 8 级的地震。流域气候类型多样，从南部的热带到北部的寒带均有分布。南部地区为热带，沿中尼公路到樟木一线为亚热带，樟木到聂拉木一线为温带区，聂拉木山口以北区为寒带。整个流域的降水极不均匀，北部的西藏自治区喜马拉雅山区降水仅为 300—400 mm，南部的中南亚热带和热带地区年降雨量通常在 1000—1500 mm。该流域居住着中国、印度和尼泊尔的 10 多个民族，养育了 15.30 × 10^6 的人口，并且流域人口逐年增加。据统计，至 2010 年流域的中国境内人口年均增长率为 2%，尼泊尔为 2.24%，印度为 1.93%。流域的人口密度从上游到下游快速增加，但经济状况在尼泊尔出现一个低谷。由于人口众多、资源匮乏、灾害频繁，这一区域长期被经济贫困、政治失调和文化落后所困，其适应冰湖溃决灾害的能力极为有限（胡桂胜等，2012）。

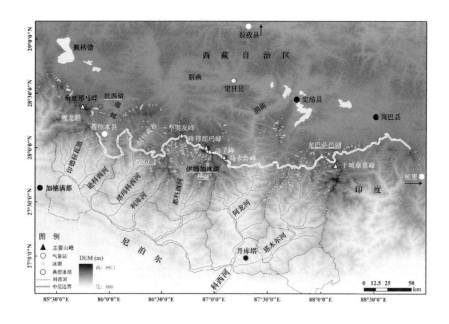

图 4 - 4　科西河流域冰湖空间分布

二　冰湖空间分布

借助 1990 年代 TM 遥感影像（无云）和 2010 年代 TM/ETM + 遥感影像（含少量云）（喜马拉雅山北坡中国部分，数据来源：http：//glovis. usgs. gov/，解译方法见第四章）和同期自尼泊尔冰湖编目（喜马拉雅山南坡）（ICIMOD，2001、2011），系统分析了科西河流域（即喜马拉雅山中段南北坡）冰碛湖时空分布特征及其演进状态。结果显示：2009—2010 年，科西河流域共分布有冰碛湖 1203 个，面积达 118. 54 km²。其中，喜马拉雅山南坡（即尼泊尔部分）分布有 599 个冰碛湖，面积达 25. 92 km²；北坡（即中国部分）分布有冰湖 604 个，面积达 92. 62 km²。

表 4 - 2 显示：全流域 1203 个冰碛湖主要分布在 7 个支流域。其中，波曲流域（阿龙河中国部分）拥有各支流中最多的冰碛湖，数量达 426 个，面积为 68. 96 km²，其数量和面积分别占全流域相应总数的 35. 41% 和 58. 17%。塔木尔河和都科西河流域分别拥有 209 个和 243 个冰碛湖，其冰湖数量明显多于朋曲流域，而面积却明显小于朋曲流域和波曲流域。对比之下，印德拉瓦迪河和利库河支流域拥有各支流域的最小冰碛湖数量和面积，其数量分别为 12 个、13 个，占全流域冰碛湖总数的 0. 10%、0. 11%；

其面积分别为 0.11km^2、0.31km^2，占全流域冰碛湖总面积的 0.09%、0.26%。气候和地形条件决定了冰川的形成，进而影响冰湖的演进和空间分布。总体而言，喜马拉雅山北坡冰碛湖数量明显小于南坡，而冰湖面积却远远大于南坡。可以说，较多的冰碛湖数量并不意味着较大的冰湖面积（表 4-2；图 4-4）。

表 4-2　　　科西河流域各支流冰碛湖的时空分布特征及其变化趋势

支流域	2000 年、2001 年			2009 年、2010 年			冰湖变化率（2000 年、2001 年和 2009 年、2010 年）	
	冰湖数量	冰湖面积（km^2）	平均冰湖面积（km^2）	冰湖数量	冰湖面积（km^2）	平均冰湖面积（km^2）	数量（%）	面积（%）
塔木尔河	356	7.32	0.02	209	6.57	0.03	-41.29	-10.25
阿龙河	109	2.53	0.02	81	3.28	0.04	-25.69	29.64
都科西河	473	13.1	0.03	243	13.19	0.05	-48.63	0.69
利库河	14	0.22	0.02	13	0.31	0.02	-7.14	40.91
塔玛科西河	57	1.26	0.02	24	2.15	0.09	-57.89	70.63
逊科西河	35	0.41	0.01	17	0.31	0.02	-51.43	-24.39
印德拉瓦迪	18	0.28	0.02	12	0.11	0.01	-33.33	-60.71
尼泊尔	1062	25.12	0.02	599	25.92	0.04	-43.60	3.18
波曲	92	13.96	0.15	88	16.15	0.18	-4.35	15.69
绒辖藏布	89	6.6	0.07	90	7.51	0.08	1.12	13.79
朋曲	437	65.67	0.15	426	68.96	0.16	-2.52	5.01
中国	618	86.23	0.14	604	92.62	0.15	-2.27	7.41
合计	1680	111.35	0.16	1203	118.54	0.2	-45.86	10.60

三　冰湖演进趋势

2000—2001 年，科西河流域冰碛湖数量为 1680 个，面积达 111.35 km^2；2009—2010 年，冰碛湖数量和面积分别降至 1203 个和 118.54 km^2。在近 10 年之中，477 个冰碛湖消失，其冰碛湖数量减少了 45.86%，而同期冰碛湖面积却扩张了 10.60%。在 7 个支流域中，塔木尔河流域冰碛湖数量显示了一个最快的下降态势，减少了近一半的冰湖数量，而冰碛湖面积却扩张了 70.93%，其扩张率明显高于其他 6 个支流域。都科西河流域冰碛湖数量减少了 48.63%，面积仅增加了 0.69%。阿龙河和利库河流域，冰碛湖数量分别减少了 25.69% 和 7.14%，而面积却分别扩张了 29.64% 和 40.91%。在科西河流域中国部分，波曲、绒辖藏布、朋曲流域冰碛湖数量显示了一个轻微变化趋势，10 多年间冰碛湖数量变化率分别为 −4.35%、1.12% 和 −2.52%，而冰湖面积却分别增加了 15.65%、13.79% 和 5.01%。对比之下，近 10 年间，塔木尔河、逊科西河、印德拉瓦迪河流域不仅冰碛湖数量明显减少，而且面积萎缩亦很明显，其冰湖数量和面积分别减少了 41.29%、51.43%、33.33% 和 10.25%、24.39 %、60.71%。

　　总体上，近 10 年间（2000—2001 年至 2009—2010 年），科西河流域冰碛湖面积年平均扩张速度大体为 0.72 km²/a，扩张率明显高于印度—巴基斯坦—阿富汗喜马拉雅山西部地区的 −0.08 km²/a—0.04 km²/a（1990—2009）（Gardelle et al., 2011）。特别地，喜马拉雅山北坡（科西河中国部分）近 10 年冰碛湖数量仅仅减少了 2.27%，而南坡（科西河尼泊尔部分）冰碛湖数量却减少了 45%，减少速率明显高于北坡部分。对比之下，喜马拉雅山北坡同期冰碛湖面积增加了 7.41%，而南坡冰碛湖面积仅增加了 3.18%，北坡冰湖面积扩张速率基本上超过了南坡的两倍。可以看出，喜马拉雅山南北坡以及不同支流域乃至不同坡向冰碛湖变化具有明显的差异。

四　潜在危险性冰湖辨识与分析

　　影响冰湖溃决的因素很多，亦很复杂，国外对于冰湖溃决危险性评价集中在冰碛湖、湖盆、冰碛坝、母冰川、冰湖—坝与母冰川关系、触发机制和下游沟谷状况等，其中，评价指标体系范围广、分类详细，涉及 40 余个评价因子，在一定程度上扩展了评价的范围，提高了评价的精度。然而，大部分因子需要实地调研获取，难度极大。目前，大部分冰湖溃决危险性监测主要依赖于对遥感影像的解译和辨识。国内学者在对西藏自治区多次冰湖溃决事件统计基础上，通过冰湖溃决与冰湖参数特征的关系式提出了冰碛湖溃决危险性评价的 5 个因子，分别为冰湖是否为冰碛湖、冰湖面积是否大于 0.02 km² 且面积变化率是否是 20%、母冰川面积减小且变化率大于 10%、冰湖与母冰川之间距离小于 500 m、冰湖与母冰川之间的坡度大于 10°（ICIMOD，2011；Wang and Zhang，2014）。国际山地综合发展中心（ICIMOD）利用冰碛湖面积、冰湖距母冰川距离、冰碛坝条件、周边环境和社会经济参数等分级标准，将尼泊尔 21 处冰湖确定为潜在危险性冰湖。其中，17 处位于科西河流域，占总潜在危险性冰湖数量的 80.95%。

本书参考国际山地综合发展中心潜在危险性冰湖判别标准，主要选取冰碛湖数量、面积及其面积变化率、冰湖距母冰川距离作为科西河流域北坡危险性冰湖判别标准。结果显示：科西河流域中国部分的潜在危险性冰湖数量为 24 处，其数量明显多于科西河流域尼泊尔部分。在科西河流域的 7 个支流域中，朋曲流域潜在危险性冰湖数量最多，数量达 14 处。都科西河流域和波曲流域潜在危险性冰湖分别为 11 处和 7 处。特别地，1990—2010 年，科西河流域中国部分 24 个潜在危险性冰湖面积明显扩张，扩张率达 77.46%（0.37 km²/a），明显高于同期非冰碛湖面积的扩张率 39%（0.19 km²/a）。表 4-3 和图 4-5 显示了科西河流域 4 个典型潜在危险性冰碛湖的动态变化趋势。4 个典型潜在危险性冰碛湖分别为嘎龙错、PDGL-2、龙巴萨巴和伊姆加冰湖（Imja Tsho）（图 4-5），湖面中心海拔分别为 5070m、5040m、5480m 和 5030m，2000 年之后冰湖长度和面积分别超过了 1000 m 和 0.70 km²。嘎龙错、PDGL-2 和龙巴萨巴 3 个冰碛湖位于喜马拉雅山北坡中国部分，1990—2010 年，3 个冰湖面积扩张率均超过了 125%；伊姆加冰湖位于南坡尼泊尔部分，同期，其面积变化较小，扩张率为 60.32%。

表 4-3　　科西河流域 4 个典型潜在危险性冰湖面积及其扩张率

冰湖名	经度	纬度	平均海拔	面积（km²）			面积增加率（%）
	E	N	m	1990 年	2000 年	2010 年	1990—2010 年
嘎龙错	85°50′19.28″	28°19′4.58″	5070	1.95	2.91	4.39	125.02
PDGL-2	86°26′50.14″	27°56′38.57″	5040	0.43	0.70	1.29	198.97
龙巴萨巴	88°04′32.83″	27°56′46.76″	5480	0.45	0.87	1.13	151.42
伊姆加冰湖	86°55′31″	27°59′17″	5030	0.63	0.77	1.01	60.32

在这 4 个典型潜在危险性冰湖中，PDGL-2 在 1990 年还是一个由多个

小湖组成的冰面湖，总面积仅为 0.43 km²，而 2000 年之后，该冰面湖转为冰碛湖，并且其面积于 2010 年增至 1.29 km²，1990—2010 年，该冰碛湖面积扩张了 198.97%。伊姆加（Imja Tsho）冰碛湖是都科西河主要支流的源头，在 1960 年代该湖并不存在，之后该湖开始发育。1975 年，该冰湖面积达到了 0.30 km²，1989 年面积达 0.63 km²，2000 年面积扩张至 0.77 km²（Bajracharya et al.，2007）。截至 2009 年，该冰湖面积增至 1.01 km²（ICI-MOD，2011），近 35 年间，该冰湖面积扩张率超过了 230%。假如这些潜在危险性冰湖溃决，将危及下游众多居民和基础设施。

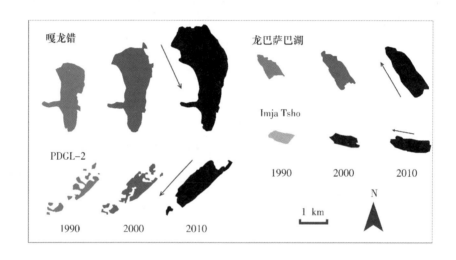

图 4-5　科西河流域 4 个典型潜在危险性冰湖演进状况

五　气候背景分析

气候变化对冰川自身具有一个重要的影响（Bolch et al.，2008，2012），进而影响至冰湖的演进态势。科西河流域具有巨大的海拔梯度变化，从科西河下游 60 m 海拔增至珠穆朗玛峰 8844.43 m 的海拔梯度，进而导致喜马拉雅山南北坡巨大的气候差异。在此，选取喜马拉雅山中段南北坡 4 个气象站的气象数据，对不同坡向气温降水变化趋势进行对比分析。喜马拉雅山中段北坡包括定日县和拉孜县 2 个气象站，南坡包括帕里镇和聂拉木县 2 个气象站。其中，定日县和聂拉木县气象站位于科西河流域，而拉孜县和帕里镇气象站则靠近科西河流域（图 4-4；表 4-4）。在过去近 30 年间，4 个气象站数据显示，年均气温显著上升，温度增加趋势分别达到了

0.48 ℃、0.51 ℃、0.18 ℃和 0.27 ℃（$P < 0.001$）。表 4-4 显示：近 30
年间，喜马拉雅山中段北坡增暖幅度明显高于南坡，其北坡增暖幅度基本
是南坡的近 2 倍。对于降水，4 个气象站变化不明显，其降水增加幅度北坡
亦明显高于南坡。其中，定日县、拉孜县和帕里镇气象站显示了一个较低
的增加态势，其增加趋势分别为 17.65 mm/10a、27.83 mm/10a 和
9.70 mm/10a，而聂拉木县气象站则显示了一个较低的减少趋势，减小趋势
为 -7.70 mm/10a。四个气象站同时亦显示，该区气候处于一个暖干的变化
趋势，其北坡较难坡更暖。

表 4-4　　　　　　　科西河流域喜马拉雅山南北坡 4 个气象站
气温降水线性变化趋势

坡向	气象站	经度（E）	纬度（N）	海拔（m）	时期	气温变化（℃/10a）	降水变化（mm/10a）
北坡	定日县	87°05′	28°38′	4301	1967—2011 年	0.48	17.65
	拉孜县	87°38′	29°05′	4001	1978—2011 年	0.51	27.83
南坡	帕里镇	89°09′	27°44′	4301	1970—2011 年	0.18	9.70
	聂拉木县	85°58′	28°11′	3811	1967—2011 年	0.27	-7.70

已有研究显示，在中国喜马拉雅山中段，当气候处于暖干时期，其冰川退
缩更为强烈（Duan et al., 2007；Ren et al., 2004；Chen et al., 2007）。近 30 年
来，科西河流域 4 个气象站显示的暖干气候特征主要表现为较高的增温和较低
的降水增加率，其暖干气候特征进而导致了冰川消退和冰湖的加速扩张。例
如，从 1960 年代到 1970 年代，再到 2010 年，科西河流域珠穆朗玛峰北坡冰
川数量和面积分别减少了 10.14% 和 10.04%；而在南坡，同期冰川变化更为
显著，其冰川数量和面积分别减少了 33.45% 和 11.36%（Yin, 2012）。特别
地，1976—2006 年，珠穆朗玛峰北坡绒布冰川（Rongbuk Glacier）末端退缩率
达到了 9.10—14.64±5.87 m/a（Nie et al., 2010），而它的面积在 1974—2008
年相应地减少了 15.01 km²（Ye et al., 2009）。1974—2007 年，科西河流域上
游希夏邦马峰抗物热冰川（Kangwure Glacier）退缩率达到了 8.90 m/a，而冰
川面积和体积则分别减少了 34.20% 和 48.2%（Ma et al., 2010）（表 4-5）。

表 4 – 5   科西河流域典型冰川末端变化趋势

坡向	冰川名称	位置	退缩率（m/a）	研究期	数据源
北坡	中绒布冰川	28°03′ N, 85°85′ E	8.70	1966—1997 年	Ren et al., 2006
			9.10	1997—2001 年	Ren et al., 2004
			14.64 ± 5.87	1976—2005 年	Nie et al., 2010
	东绒布冰川	28°02′ N, 86°96′ E	7.40	1966—1997 年	
			13.95 ± 5.87	1976—2006 年	
	抗物热冰川	28°27′ N, 85°45′ E	4.00	1976—1991 年	Su, 1992
			8.90	1974—2007 年	Ma et al., 2010
	达索普冰川	28°35′ N, 85°77′ E	4.00	1968—1997 年	Pu et al., 2004
	5O194e10 glacier	28°41′ N, 85°77′ E	4.00—5.00	1997—2001 年	Pu et al., 2004
			7.10	2005—2008 年	Ma et al., 2010
南坡	伊姆加（Imja）冰川	27°55′ N, 86°57′ E	59.00	1960—2001 年	Bajracharya et al., 2007
			74.00	2001—2006 年	
	札卡丁（Trakarding）冰川	27°49′ N, 86°31′ E	66.00	1957—2000 年	Bajracharya and Mool, 2005
	孔布（Khumbu）冰川	27°58′ N, 86°49′ E	96.00	1953—2005 年	WWF – N, 2005
	卢姆丁格（Lumding）冰川	27°46′ N, 86°35′ E	42.00	1976—2000 年	Bajracharya and Mool, 2009
			74.00	2000—2007 年	
	伊库（Inkhu）冰川	27°46′ N, 86°52′ E	34.00	1976—2000 年	
			11.00	2000—2007 年	
	尼沟琼巴（Ngojumba）冰川	28°00′ N, 86°41′ E	22.00	1966—2001 年	Bajracharya et al., 2007
			14.00	2000—2007 年	Bajracharya and Mool, 2009

喜马拉雅山南坡科西河流域冰川应对南亚季风气候同样极为脆弱（Salerno et al.，2013）。例如，据研究，1960—2001 年，科西河流域都科西河支流 24 条冰川退缩率达到了 10m/a—59m/a，其中，孔布冰川（Khumbu Glacier）自人类 1953 年首次登顶珠穆朗玛峰以来，已退缩超过 5 km（WWF – N，

2005）。特别地，2001—2006 年，科西河流域喜马拉雅山卡莉峰（Kali）西南坡伊姆加冰川（Imja Glacier）退缩了 74 m/a，较 1960—2001 年的59 m/a的退缩率更为显著，反映了近期冰川快速退缩的事实（Bajracharya et al.，2007a、2007b）。同样地，1957—2000 年，喜马拉雅山马纳斯鲁峰（Manaslu）西南坡的札卡丁冰川（Trakarding glacier）退缩了 66 m/a。其他一些典型冰川退缩情况见表 4 – 5。科西河流域喜马拉雅山南北坡冰湖数量相差并不悬殊，而北坡冰川数量和面积及其冰湖面积却明显多于南坡。小冰川和小冰湖主要位于南坡，而大冰川和大冰湖则主要集中于北坡。一般而言，小冰川补给的冰湖面积要明显小于大冰川补给的冰湖。在过去近 10 年中，科西河流域喜马拉雅山南坡小冰川消退和消失速度明显高于北坡。对比之下，北坡大冰川同期消退速率却明显高于南坡（表 4 – 5），这也是导致北坡冰湖扩张速率明显高于南坡的原因。冰川的快速消融导致了冰湖面积的扩张和径流的增加，进而增加了科西河流域潜在危险性冰碛湖的溃决概率。因此，下一步极有必要对科西河流域潜在危险性冰碛湖溃决进行预防性适应。

第五节　典型冰碛湖演进与溃决风险分析

喜马拉雅山区大多远离冰湖，但大多又地处冰湖溃决演进区域，而大多数居民对其冰湖溃决风险认知却相对较少。伴随着区域基础设施、农牧业及其旅游活动的持续发展，喜马拉雅山中段因极高的冰湖溃决灾害暴露度和较低的适应能力而倍受学界关注（Kääb et al.，2005；Colin，2011）。

一　研究区

抗西错（28°21′ N，85°53′ E）和嘎龙错（28°19′ N，85°51′ E）是两个典型的冰碛湖，位于中国喜马拉雅山希夏邦马峰（8021 m）东南坡海拔5220m—5089 m。这两个冰碛湖是波曲流域的源头，也是该流域最大的两个冰碛湖，其潜在危险性巨大（Wang et al.，2014）。波曲是恒河流域（27°49′—29°05′ N，85°38′—86°57′ E）上游支流，它发源于希夏邦马峰，经中国西藏自治区流入尼泊尔，流域总面积约 2160 km² （图 4 – 4）。

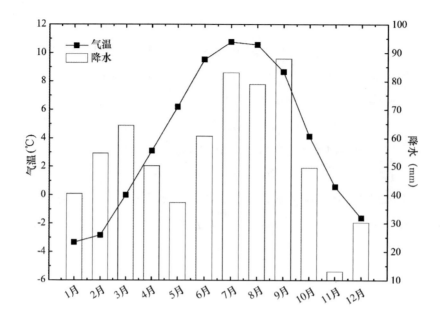

图4-6 1974—2011年聂拉木气象站月均气温降水变化趋势

波曲流域受印度洋季风气候影响,全年降水丰沛(Xiang et al.,2014)。距三个冰碛湖最近的聂拉木县气象站(28°11′N,85°56′E;3810 m a.s.l.)气象数据显示,1974—2011年,多年平均气温和降水分别为3.8°C和650.3 mm;期间每年12月至次年3月,气温低于0°C,其他月份高于0°C。月均温度范围从1月的-3.40°C到7月的10.80°C。月均降水则显示了一个双峰特征,最高的月平均降水峰值87.90 mm出现在9月。10月之后,降水急剧下降(图4-6)。另外,伴随着海拔的升高,从南至北气温降水随之缓慢减少。

二 冰湖演进分析

为分析抗西错和嘎龙错的典型冰碛湖的历史演变特征,本书利用1974年1:50000地形图、1988和2000年TM/ETM+遥感影像、2014年OLI遥感影像进行数据解译,其影像云量基本控制在低于5%。同时,为了全面分析两个典型冰碛湖溃决风险,2013年对抗西错进行了实地考察(图4-7)。

图 4 - 7 1974—2014 年抗西错与嘎龙错冰湖演进趋势

（a）地形图（1974 年），（b）Landsat TM（1988 年 10 月），（c）Landsat ETM +（2000 年 11 月），（d）Landsat 8 OLI（2014 年 8 月），（e）2013 年实地考察，（f）2005 年图片来自文献（Chen et al.，2007）。黄色箭头指示侧碛坝。

鉴于冰川、冰雪和冰湖本质上是水的不同形态，具有相近的反射特性，故在 TM/EMT + 卫星影像上基本呈现蓝色，只是饱和度不同。通过 4 - 3 - 2 波段和 7 - 5 - 2 波段合成特征，可以辨识冰湖边界。结果显示：抗西错、嘎龙错冰碛湖最早记录于 1974 年，之后两个冰湖迅速扩张。1974 年，两个冰湖面积分别为 1.67 km² 和 0.88 km²。1990 年，面积分别增至 2.91 km² 和 2.37 km²。在过去 17 年里，两个冰湖面积分别增加了 74.25% 和 169.32%。1974 年，嘎龙错西岸分布有一个小湖，1998 年已与嘎龙错合并。1974—1990 年，两个冰湖表面持续增大。1990—2000 年，抗西错和嘎龙错冰湖迅速扩张至 3.49 km² 和 3.24 km²，年均面积扩张分别达 0.053 km² 和 0.079 km²。从 2000 年到 2014 年，抗西错和嘎龙错进一步扩张，年均扩张面积分别达 0.08 km² 和 0.14 km²，截至 2014 年，两湖面积分别达 4.633 km² 和 5.295 km²（图 4 - 8）。

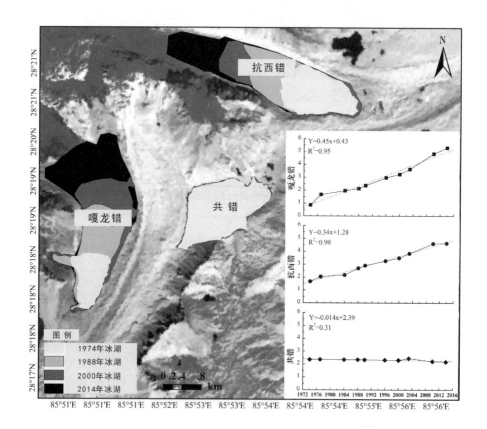

图 4 - 8 1974—2014 年抗西错、嘎龙错和共错变化趋势

根据 Huggel 等（2002）经验公式：$V = 0.104A^{1.42}$（V 为冰湖体积，A 为冰湖面积），2014 年抗西错和嘎龙错冰湖体积分别达 3.04×10^8 m³ 和 3.67×10^8 m³。图 4 - 8 显示：1974—2014 年，抗西错和嘎龙错面积一直持

续增加，面积递增率达 0.34 km²/a（$R^2=0.98$，$P<0.001$）和 0.45 km²/a（$R^2=0.95$，$P<0.001$），41 年间面积分别增加了 107% 和 501%。冰湖的快速扩张增加了冰碛坝溃决概率，进而对下游经济社会系统构成了一个严重威胁。位于抗西错与嘎龙错之间的共错，是一个构造湖，而非冰湖，即并不与冰川相联系。有别于抗西错与嘎龙错，共错相对稳定，面积变化缓慢，41 年间湖面面积显示了一个轻微的下降趋势，减小率仅为 0.14 km²/decade（$R^2=0.35$，$P>0.05$）。

三　冰湖潜在危险性分析

一般而言，冰湖溃决是喜马拉雅山区海拔最高和距离最远的风险，并带有最为严重的潜在危害或灾害（Richard and Gay，2003）。世界范围内冰湖溃决灾害数量较少，很难利用数学统计模型和回归分析方法进行溃决概率预估，截至目前，还没有一个统一标准确定冰湖溃决概率。然而，一些主要因子在一定程度上还是可以反映冰湖溃决概率大小的。许多学者经常利用母冰川面积、冰川末端坡度、冰湖与母冰川距离及坡度、冰湖面积、体积及扩张率、坝体坡度及其结构组分等因子作为一个粗略的评估标准来判别冰湖是否存在潜在危险。在这些因素中，冰湖面积反映了冰湖储水量大小及其最大溃决洪水量。快速的冰湖面积变化则打破了冰湖原有的平衡状态。母冰川面积反映了冰川径流对湖泊的补给时间和补给规模，而冰川末端坡度及其与冰湖之间的距离、坡度则表明了雪/冰/岩崩体发生的可能性及其崩塌体规模。冰碛坝坡度、坝顶宽度及其坝体组分则反映了坝体的稳定性（Awal et al.，2010；Wang et al.，2011；Schaub et al.，2013；Wang and Zhang，2013）。吕儒仁（1999）和 Wang 等（2011a、2011b）发现：当母冰川面积大于 1 km²、冰湖与母冰川之间坡度大于 17°、冰碛坝平均坡度超过 14°、冰川末端坡度大于 19°、冰川至冰湖距离不足 300 m、冰碛坝宽高比小于 1、冰碛坝背水坡坡度大于 20° 时，冰碛湖具有较高溃决风险。尽管这些阈值需进一步验证，但这些极值至少反映了此类冰碛湖拥有极高或较高溃决风险。抗西错和嘎龙错的形成是母冰川衰退的结果。这两个冰湖与母冰川热强冰川与吉葱普冰川紧密联系，这两个冰川面积均大于 4.0 km²。遥感影像与地形图显示：两个冰湖表面扩张迅速，且两个冰湖坝体由松散的冰碛物组成。其中，抗西错距母冰川—热强冰川仅 100 m，冰川末端坡度约 30°，而嘎龙错冰湖距母冰川吉葱普冰川仅 200 m，冰川末端坡度仅 20°。

图 4-9 显示：热强冰川末端坡度较陡，靠近冰湖明显分布有冰崩体。一次冰崩或雪崩事件将诱发涌浪的产生，进而极易导致坝体溃决。抗西错终碛坝距湖水位 15m—20 m，终碛坝顶宽度约 20 m，长度约 1500 m，坝体背水坡坡度约 20°。2013 年抗西错冰湖现场考察发现：终碛坝并无出水口，湖水主要通过多处渗漏流向下游。同时，终碛坝分别有大量死冰体，死冰体的消融通常伴随着坝体泥沙、沙砾的滑动或下降，进而将影响坝体的稳定性。另外，下游河床分布有大量冰碛物和松散物质，当死冰消融加速时，终碛坝极有可能发生溃决，溃决洪水夹杂这些松散物质将形成极具危害性的冰湖溃决泥石流，进而危及下游居民区。嘎龙错拥有相对简单而稳定的坝体结构，但冰湖面积及其储水量却远大于抗西错。嘎龙错终碛坝南边出水口离湖面约 50 m，终碛坝顶长宽分别约 500m 和 20 m，背水坡坡度约 25°—30°，下游沟道比降约 200‰。湖水位的上升已经导致终碛坝前形成了一个新的湖泊（Chen et al., 2007）[图 4-7（f）]。以上分析表明：抗西错拥有较高溃决风险，而嘎龙错则拥有极高溃决风险。鉴于两个冰湖下游存在大量村落居民、道路桥梁及其他基础设施，假如这两个冰湖溃决，其潜在危害极大，甚至会上升为跨国界灾害。

图 4-9   2013 年抗西错及其后缘冰崩体、终碛死冰体和
下游村落分布图（王世金 摄）

四　影响因素分析

近 10 年，伴随着全球气候变暖，世界上绝大部分山地冰川一直处于强烈的消融状态，且以强烈的负物质平衡为特征，进而导致绝大部分冰湖扩张（Dyurgerov，2003；Oerlemans，2005；Zemp and Van Woerden，2008；Kumar and Murugesh Prabhu，2012）。在热的气候背景下，冰川快速消退，冰湖增加，持续的冰川融水进入冰湖，导致冰湖面积逐年增大。希夏邦玛峰南坡聂拉木县气象站气象数据显示：1974—2011 年，年均气温经历了一个显著的增温态势，增温率达 0.4℃/decade（$R^2 = 0.55$，$P < 0.001$），而年均降水量却显示了一个轻微的不显著的降低趋势，减少率达 26.8mm/decade（$R^2 = 0.24$，$P > 0.05$）（图 4 - 10）。作为冰川补给的湖泊，气温变化影响其母冰川物质平衡，而降水变化则既影响母冰川物质平衡也影响湖泊水量（Wang et al.，2014）。喜马拉雅山中段冰川强烈消退以相对干暖气候为气候背景。

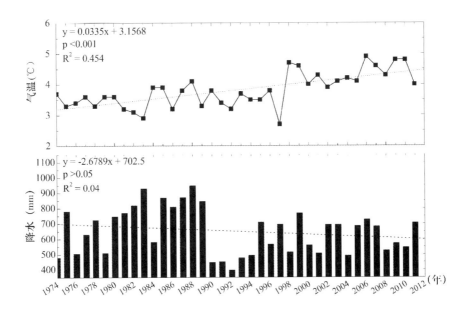

图 4 - 10　1974—2011 年聂拉木县气温降水变化趋势

在过去 10 多年里，喜马拉雅山冰川消退显示了一个加速趋势，进而导致了冰湖数量和面积的增加，其潜在危险性冰湖的存在增加了未来溃决洪水泥石流对下游的潜在危害程度。冰川补给的冰湖的形成、发育及其演进与母冰川规模、体积息息相关。在过去 20 多年里，该区域增温幅度大，降水较少，这种干热气候特征加速了冰川的消融和冰湖的扩张。基于有效的遥感影像资料和 1974 年地形图，对抗西错和嘎龙错两个母冰川—热强冰川和吉葱普冰川变化加以分析，结果显示：在过去的 41 年里，两个冰川经历了明显的衰退趋势。1974 —2014 年，热强冰川和吉葱普冰川面积分别减少了 44.22％和 37.76％，其热强冰川退缩速率明显高于吉葱普冰川。值得注意的是，1974—1988 年，两个母冰川消退幅度明显小于 2000—2014 年的幅度（表 4 - 6）。

表 4 - 6　　　　　　　热强冰川与吉葱普冰川历史衰退趋势

冰川名称	面积（km^2）					面积变化率（％）			
	1974年	1988年	2000年	2010年	2014年	1974—1988 年	1988—2000 年	2000—2014 年	1974—2014 年
热强冰川	7.44	7.43	5.03	4.46	4.15	- 0.08	- 11.29	- 17.53	- 44.22
吉葱普冰川	7.65	6.84	5.52	5.68	4.76	- 10.61	2.97	- 13.63	- 37.76

　　冰湖溃决受许多因素影响，但直接原因归根结底来自以下两方面：其一由冰/雪/岩崩、滑坡、地震等外部因素触发的波浪或涌浪漫溢冰碛坝，并在坝顶形成切口；其二是冰碛坝渗漏、管涌或排水切口扩大（Kattelmann，2003；Dahms，2006；Liu et al.，2014）。在气候变暖背景下，喜马拉雅山冰川在近 10 年里一直处于快速退缩和减薄状态，进而导致现存冰碛湖的快速扩张。抗西错、嘎龙错冰湖下游居民点、电讯网、乡村公路、318 国道等承灾体广布。在地震、强降雨、冰川强烈消融、雪/冰/岩崩、滑坡、冻融、死冰消沉等外力作用下，抗西错和嘎龙错冰湖溃决风险极高，极易形成溃决洪水/泥石流，进而波及中尼波曲河（尼泊尔称孙科西河）沿线大量承灾体，最终将酿成跨国灾害。因此，抗西错和嘎龙错冰湖溃决灾害风险度极高，应给予高度关注。考虑到抗西错与嘎龙错冰湖现状的危险性，应该及早建立早期预警预报及其冰湖溃决风险管理系统（Petrakov et al.，2012）。

第五章　冰湖溃决预测模型
构建及其应用

冰湖溃决预测是一个复杂的非线性多维问题，涉及内容包括冰湖形成机制、冰湖溃决诱因与机制、冰湖溃决灾害监测以及冰湖危险性评价等。本章通过对现有的冰湖溃决预测方法进行分析和讨论，结合中国喜马拉雅山地区冰湖溃决的特点等，选取合适的预测指标，采用逻辑回归分析方法建立中国喜马拉雅山地区冰湖溃决的预测模型，并对模型进行验证和应用方面的讨论。

第一节　现有冰湖溃决预测方法分析

冰湖溃决诱发因素包括冰崩、雪崩、冰滑坡、冰雪强烈消融、高强度持续降水等外部诱因，以及冰碛坝内核冰融化、冰碛坝管涌等内部诱因，并且在通常情况下，冰湖溃决并非是仅由一个诱因作用的结果，而是由其中的某个因素的主要作用并激发其他因素伴生，从而共同作用导致冰湖溃决。喜马拉雅山冰湖溃决机制主要包括四种类型，即漫顶溢流溃坝型、管涌溃坝型、瞬间溃坝型、多种溃决机制组合型，且溃决的冰湖都属于冰碛湖。针对冰湖危险性评价的核心问题，即如何建立合理的冰湖溃决预测模型，不同学者提出了多达数十个不同的预测指标，大致可将其分为定性、半定量和定量三类，根据选取的预测指标不同以及采用的建模方法不同，研究者们提出了多种冰湖溃决的预测模型。

一　冰湖溃决预测指标的选取
冰湖溃决的预测是利用冰湖溃决历史灾情、环境背景资料，通过综合

分析影响冰湖溃决的自然地理因素，合理地建立能够评估冰湖溃决发生与
否的判别模式。然而，由于冰湖溃决事件往往具有不确定性，并且人们对于
冰湖溃决机理的认识尚不完善，一些环境背景因子的准确值也不易获取，
因此，数学上的确定性分析方法在冰湖溃决的预测中较难实现。另外，在
大多数情况下，一个冰湖的溃决往往只发生一次，并且冰湖溃决的历史数
据通常也较难准确获取。因此，周期性分析方法在冰湖溃决的预测中也不
适用。

鉴于上述原因，目前国内外常见冰湖溃决的预测方法或模型主要是定
性或半定量表达。冰湖溃决预测中定性方法的一般思路：通过提出预测冰
湖溃决可能性的判别指标，并对指标的不同状态进行描述，进而给出与之
对应的冰湖发生溃决的可能性大小。当前国内外学者针对冰湖溃决提出的
预测指标，大多是根据研究区已溃决冰湖的背景资料归纳总结而来的，因
而，不同的预测指标组合均带有较明显的区域差异性。具有代表性的定性
方法，如吕儒仁等（1999）在对中国喜马拉雅山冰湖溃决的野外调查和统
计研究基础之上，提出的7个判别标志，如表5-1所示，并定义了冰湖溃
决热量指数和冰湖溃决危险性指数，用于对冰湖溃决可能性的预测评价。
Huggel等（2004）人基于对瑞士阿尔卑斯山地区冰湖的研究，提出的5个
判别指标如表5-2所示，用于评估冰湖溃决发生的可能性。

表5-1　　　　　　　　中国喜马拉雅山冰湖溃决的判别指标

判别指标	指标的取值范围	有利于溃决的指标值
补给冰湖的现代冰川和积雪面积/km²	2—30	> 2
冰川积雪区平均坡度/（°）	7—12	> 7
邻近冰湖冰舌段坡度/（°）	3—20	> 8
冰舌与冰湖的距离/m	8—500	< 500
冰湖储水量/亿 m³	0.03—2.5	> 0.01
终碛堤坝顶宽度/m	3—1000	< 60
终碛堤坝背水坡坡度/（°）	25—33	> 20

表 5 - 2　　　　　中国喜马拉雅山冰湖溃决可能性判断的定性指标

判别指标	特征属性	冰湖溃决的可能性
坝体类型	冰	高
	冰碛	中、高
	岩体	低
湖水面距坝顶高度与坝高之比	小	高
	中	中
	大	低
坝宽与坝高之比	小，0.1—0.2	高
	中，0.2—0.5	中
	大，> 0.5	低
雪崩或滑坡体等入湖产生的涌浪波	频繁发生，规模大	高
	偶尔发生，规模中等	中
	几乎没有，规模小	低
极端的气象事件（高温或强降水）	频繁发生	高
	偶尔发生	中
	几乎没有	低

　　冰湖溃决预测中半定量方法的一般思路：通过选取预测冰湖溃决的评价指标，对指标进行定量化描述，再采用不同的数学建模方法，建立冰湖溃决的预测模型，并对模型的计算结果按不同取值范围划分冰湖溃决可能性等级。由于冰湖溃决的诱因和机制较为复杂，冰湖的参数指标难以准确获取，冰湖溃决的预测往往集中在定性上，定量研究较少。具有代表性的半定量方法，如 McKillop 等（2007a）以加拿大哥伦比亚地区冰湖为样本，采用逻辑回归方法，建立的基于冰湖面距坝顶高度与坝高之比、冰碛坝内是否有冰核、冰湖面积和坝体物质组成 4 个指标的冰湖溃决概率方程。庄树裕（2010）在综合分析前人的研究成果和现场调查资料的基础之上，构建了以母冰川—冰湖—终碛垄为主线的冰湖溃决预测指标体系，提出了基于支持向量机法和基于粗糙集可拓学方法的中国喜马拉雅山地区冰湖溃决预测模型。

　　根据对现有的冰湖溃决预测的定性和半定量方法的分析可知：首先，冰湖溃决的预测方法或模型中选取的指标必须能够直接或间接地体现冰湖的动态变化特征，比如冰川和积雪的面积能够反映冰湖中的蓄水量变化趋势，坝体的物质组成特征能够反映冰湖的极限变化状态等；其次，选取的预测指标要能够较容易且准确地获取，在半定量方法中还要求指标能够合理地进行定量化处理；再次，由于冰湖溃决的作用机理复杂、影响因素众多，因此在半定量分析的建模过程中应该采用不确定性的分析理论，并选择不确定性的数学模型；最后，对于冰湖溃决可能性的等级划分需要进行合理性验证，使其具备实用价值。

二 冰湖溃决预测指标选取原则

由于冰湖溃决预测指标大多是根据已溃冰湖的背景资料归纳总结而来，不同的预测指标具有不同的适用对象和范围，表现出较明显的区域差异性，为建立起中国喜马拉雅山冰湖溃决的危险性评价指标体系，按以下三个原则进行指标筛选：

（1）根据对中国喜马拉雅山溃决冰湖的实地野外调查资料分析，以及中国喜马拉雅山冰湖溃决预测指标数据获取的难易程度进行筛选。

（2）根据前人对冰湖溃决预测指标的权重分析成果进行筛选，例如，庄树裕等（2010）人的研究将评价因子的权重由高到低排序为：坝顶宽度＞冰舌前端距冰湖距离＞水热组合＞冰湖面积＞补给冰川面积＞冰川裂隙发育程度＞冰舌坡度＞冰川积雪区平均纵坡＞背水坡度＞两岸崩塌程度＞受旁沟冲刷程度。

（3）综合考虑中国喜马拉雅山冰湖溃决引发条件和溃决模式进行筛选。

根据上述三个原则，选取冰湖坝顶宽度、湖水位距坝顶高度与湖坝高度之比、冰湖面积和补给冰川面积作为冰湖溃决预测指标。各指标对冰湖溃决的影响意义表述如下：

（1）坝顶宽度：冰湖终碛堤坝顶宽度越大，其抵抗破坏的能力越强，越不容易溃决；反之，坝顶宽度越小，冰湖越容易溃决。西藏的冰湖溃决表明，坝顶宽度在3—1000 m的范围都能发生溃决，一般地，宽度小于60 m为一次溃决，且是击溃性溃决；宽度越大，则有可能出现多次溃决，最后演变成溢流式洪水。

（2）湖水位距坝顶高度与湖坝高度之比：根据前人的研究成果得知，

冰湖水位距坝顶高度与湖坝高度之比是冰湖溃决的关键性指标，该值直接影响坝体的水力梯度，水位越高，水力梯度越大，则坝体越容易失稳溃决。

（3）冰湖面积：由于获取精确的冰湖储水量较为困难，因此使用与储水量有直接联系的冰湖面积作为冰湖规模的评价指标，一般地，冰湖的面积越大，冰湖的储水量也越大，相应的水体库容对坝体的静水压力也越大，冰湖更易于溃决。

（4）补给冰川面积：对于现代冰湖来讲，补给冰川的面积越大，消融的水流也就越多，则汇集到冰舌段和冰湖内的水量也就越大，从而更有利于冰体进入湖内导致冰湖溃决。

在进行冰湖溃决可能性预测时，冰湖原始数据精度对预测结果有着重要影响，预测模型的可靠度很大程度上取决于原始数据的精度，越精确的原始数据越能反映冰湖实际特征，所得预测结果也将越接近于冰湖实际情况。本书以野外调查、遥感影像和历史文献等途径获取坝顶宽度、湖水面积距坝顶高度与坝高之比、冰湖面积、补给冰川面积四个预测指标数值，当遥感解译无法获取数据时，通过查阅历史文献获取。

第二节　冰湖溃决预测模型的建立

一　模型建立

基于对现有冰湖溃决预测研究成果的分析和总结，结合庄树裕（2010）对冰湖溃决预测指标的权重分析结果和各个指标参数值获取的难易程度，本书选取坝顶宽度、湖水面距坝顶高度与坝高之比、冰湖面积和补给冰川面积4个预测指标，用于建立中国喜马拉雅山冰碛湖溃决可能性的预测模型，其中，坝顶宽度反映冰碛坝的特征，湖水面距坝顶高度与坝高之比反映冰湖的动态变化特征，冰湖面积反映冰湖规模特征，补给冰川面积反映母冰川的特征。为避免定性方法中的主观性，以及考虑到半定量方法中模型的复杂性，本书采用逻辑回归法建立冰湖溃决的预测模型。

逻辑回归模型属于多元非线性的统计分析模型，适用于多变量控制的二分类问题。在进行逻辑回归分析时，可以将冰湖的状态用二值变量 y 来描述，令 $y = 1$ 表示冰湖已溃决，$y = 0$ 表示冰湖未溃决，则冰湖溃决可能性的

预测模型可表述为:

$$P(y = 1) = \{1 + \exp[-(\alpha + \beta_1 x_1 + \beta_2 x_2 + \beta_3 x_3 + \beta_4 x_4)]\}^{-1} \qquad (13)$$

式(1)中,α 为截距;β_1、β_2、β_3、β_4 为回归系数;x_1、x_2、x_3、x_4 为冰湖溃决的预测指标,其中,x_1 为坝顶宽度,x_2 为湖水面距坝顶高度与坝高之比,x_3 为冰湖面积,x_4 为补给冰川面积。通过对中国喜马拉雅山地区冰湖的野外调查与遥感解译分析,选取研究区内 29 个冰湖样本,结合野外调查、遥感解译与文献资料,获取各个预测指标的参数值,如表 5 – 3 所示。

采用 matlab 7.9 中回归分析工具箱里的 glmfit 函数对表 5 – 3 中的 29 个冰湖样本数据进行逻辑回归分析,得到中国喜马拉雅山地区冰湖溃决可能性的预测模型如下。

$$P(y = 1) = [1 + \exp(-8.56 + 21.3x_1 + 111.86x_2 - 0.53x_3 - 0.32x_4)]^{-1} \qquad (14)$$

表 5 – 3 中国喜马拉雅山冰湖样本原始资料

序 号	冰湖名称	坐 标	x_1 /km	x_2	x_3 /km²	x_4 /km²	y
1	穷比吓玛错	N27°50′46.1″ E88°55′21.7″	0.21	0.10	0.56	26.85	1
2	桑旺错	N28°14′53.3″ E90°06′12.0″	0.26	0.17	6.38	46.71	1
3	吉莱错	N27°57′55.0″ E87°55′34.0″	0.04	0.07	0.92	6.51	1
4	印达普错	N27°57′34.4″ E87°55′01.8″	0.22	0.09	1.10	11.50	1
5	阿亚错	N28°20′57.0″ E86°29′54.3″	0.18	0.04	0.42	2.97	1
6	扎日错	N28°18′05.6″ E90°36′30.9″	0.12	0.03	0.27	24.73	1
7	次仁玛错	N28°04′5.83″ E86°03′38.8″	0.04	0.08	0.52	2.83	1
8	金错	N28°11′34.8″ E87°38′54.0″	0.12	0.02	0.55	4.86	1
9	嘉龙湖	N28°12′48.2″ E85°51′16.7″	0.05	0.05	0.21	2.50	1

序号	冰湖名称	坐标	x_1 /km	x_2	x_3 /km^2	x_4 /km^2	y
10	嘎波错	N28°21′22.9″ E90°51′08.9″	0.06	0.18	0.20	0.53	0
11	介久错	N28°14′45.9″ E90°42′50.5″	0.25	0.08	2.61	11.87	0
12	白朗错	N28°06′01.6″ E90°47′39.1″	0.40	0.12	1.62	10.61	0
13	白湖	N28°14′24.2″ E89°53′33.0″	0.23	0.47	1.55	21.40	0
14	黄湖	N28°16′30.7″ E90°04′02.7″	0.35	0.40	1.66	23.23	0
15	藏玛桑错	N27°53′01.7″ E89°18′43.7″	0.11	0.50	0.61	4.29	0
16	皮达错	N27°57′16.8″ E88°04′16.0″	0.43	0.12	1.18	32.48	0
17	龙巴萨巴错	N27°56′33.2″ E88°04′10.5″	0.24	0.09	0.84	3.24	0
18	阿玛直布错	N28°05′41.9″ E87°38′49.2″	0.14	0.10	0.58	6.18	0
19	虾错	N28°14′09.4″ E87°35′01.2″	0.26	0.14	0.76	3.64	0
20	查玛曲旦错	N28°20′41.6″ E86°10′55.3″	0.27	0.04	0.54	3.50	0
21	帕曲错	N28°18′27.0″ E86°08′54.0″	0.13	0.11	0.51	3.69	0
22	郭洛错	N28°31′12.9″ E85°39′12.9″	0.12	0.30	4.33	18.16	0
23	郭洛强错	N28°31′27.4″ E85°37′54.6″	0.08	0.16	6.05	8.07	0

续表

序 号	冰湖名称	坐 标	x_1 /km	x_2	x_3 /km^2	x_4 /km^2	y
24	拉曲错	N28°37′33.6″ E85°31′19.3″	0.04	0.14	1.17	20.67	0
25	卓龙马错	N28°37′52.8″ E85°31′01.4″	0.03	0.22	1.34	10.90	0
26	嘎叶错	N28°38′53.9″ E85°29′55.5″	0.11	0.28	0.22	3.18	0
27	浙龙嘎姆错	N28°39′47.6″ E85°28′48.3″	0.05	0.16	0.13	13.36	0
28	扎龙错	N28°40′39.9″ E85°24′22.3″	0.06	0.08	0.21	6.33	0
29	肯龙错	N30°22′45.3″ E82°01′03.5″	0.15	0.17	0.15	4.20	0

数据资料：已溃决的冰湖样本数据均为溃决前数据，且来自参考文献（吕儒仁等，1999）；未溃决的冰湖样本数据来自参考文献（庄树裕，2010）。

二 模型验证

采用表5-3中所有冰湖样本的模型计算值与实际观察值，对回归模型式（14）进行交叉验证，冰湖样本的模型计算值与实际值如表5-4所示。

表5-4　　　中国喜马拉雅山冰湖样本的计算值与实际值的交叉验证

冰湖名称	计算值 p	实际值 y	冰湖名称	计算值 p	实际值 y
穷比吓玛错	0.87	1	皮达错	0.05	0
桑旺错	0.93	1	龙巴萨巴错	0.01	0
吉莱错	0.92	1	阿玛直布错	0.04	0
印达普错	0.13	1	虾错	0.00	0
阿亚错	0.81	1	查玛曲旦错	0.44	0
扎日错	1.00	1	帕曲错	0.01	0
次仁玛错	0.49	1	郭洛错	0.00	0

续表

冰湖名称	计算值 p	实际值 y	冰湖名称	计算值 p	实际值 y
金错	1.00	1	郭洛强错	0.01	0
嘉龙湖	0.94	1	拉曲错	0.35	0
嘎波错	0.00	0	卓龙马错	0.00	0
介久错	0.38	0	嘎叶错	0.00	0
白朗错	0.00	0	浙龙嘎姆错	0.00	0
白湖	0.00	0	扎龙错	0.62	0
黄湖	0.00	0	肯龙错	0.00	0
藏玛桑错	0.00	0			

在统计分析理论和相关文献（Dai and Lee, 2003）中，通常以50%作为分类阈值来计算模型预测的准确率。因此，如果将 $p \geqslant 50\%$ 的样本归为已溃决类，$p < 50\%$ 的样本归为未溃决类，则预测模型（14）对已溃决冰湖样本预测的准确率为78%，对未溃决冰湖样本预测的准确率为95%，对所有冰湖样本预测的准确率为90%。Begueria 等（2002）认为，对所有样本预测的准确率大于70%的模型，在大多数的分类应用中都能取得较好的效果。

三　模型应用

为了方便进行冰湖溃决可能性的预测评估，根据29个样本中冰湖溃决的可能性与溃决冰湖的累积百分数之间的关系曲线，如图5-1所示，按照曲线中转折点的分布，将冰湖溃决的可能性分为四个等级，溃决可能性 < 10% 为低概率，溃决可能性 = 10%—40% 为中概率，溃决可能性 = 40%—80% 为高概率，溃决可能性 > 80% 为极高概率。从分析预测模型（14）中回归系数的特点可知，湖水面距坝顶高度与坝高之比的变化对于模型的预测结果最为敏感，这与实际情况较为相符。原因在于：湖水面距坝顶高度与坝高之比能够直观反映冰湖的动态特征，可以揭示冰湖与坝体之间作用面积的大小，并且冰湖溃决的诱发因素如雪崩、冰滑坡、高强度持续降水等的作用都能不同程度直接地表现在冰湖水面距坝顶高度与坝高之比的变化上。

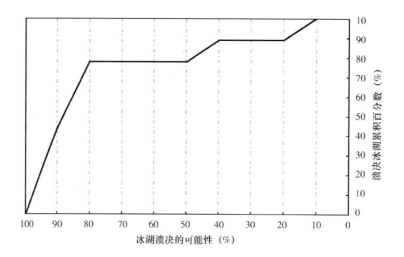

图 5 - 1　溃决冰湖累积百分数随冰湖溃决可能性大小的变化曲线

以黄湖为例，其坝顶宽度为 0.35 km，湖水面距坝顶高度与坝高之比为
0.40，冰湖面积为 1.66 km²，补给冰川面积为 23.23 km²，由预测模型
(14) 计算得到冰湖溃决的可能性结果为 0，按照等级划分，其溃决等级为
低。如果以湖水面距坝顶高度与坝高之比作为冰湖溃决的诱变指标，将其
他变量值固定，计算冰湖溃决的可能性随诱变指标的变化情况，其关系曲
线如图 5 - 2 所示。

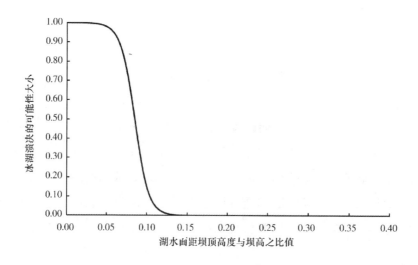

图 5 - 2　冰湖溃决的可能性大小随湖水面距坝顶高度与坝高之比的变化曲线

根据图 5-2 所示，随着湖水面距坝顶高度与坝高之比的增大，冰湖溃决的可能性越小。当冰湖水位距坝顶高度大于坝高的 10% 时，冰湖发生溃决的可能性等级为低；当冰湖水位距坝顶高度小于坝高的 6% 时，冰湖发生溃决的可能性等级为极高。

四 模型讨论

根据中国喜马拉雅山冰湖溃决可能性的预测模型（14）可知，在其他因素不变的情况下，坝顶宽度、湖水面距坝顶高度与坝高之比均和冰湖溃决的可能性大小呈负相关性，即当这两个变量值越小时，冰湖溃决的可能性就越大，这与前文提及的定性方法中表 5-1 和表 5-2 所列出的规律是一致的，且与实际情况相符合；在其他因素不变的情况下，冰湖面积与补给冰川面积均和冰湖溃决的可能性大小呈正相关性，即当这两个变量值越大时，冰湖溃决的可能性也越大，这与表 1 所列的规律也是一致的，但同时需要指出的是，与冰湖溃决相关的还有冰湖水深和补给冰川的厚度，其与面积是关联的，且共同影响着冰湖溃决的可能性。冰湖溃决预测模型（14）的验证结果中存在 3 个样本的计算值与实际值不符合，分析其原因可能包括：一是分类阈值的选择是否恰当；二是样本数据的精度是否可靠；三是模型自身存在的问题，模型中选取的预测指标并不能完全反映冰湖溃决的诱因和机制。

在建立冰湖溃决的预测模型时采用的逻辑回归方法，与模糊综合评价方法和事件树模型相比（黄静莉等，2005；王欣等，2009），避免了指标值在确定过程中存在的主观性影响，使得模型更具客观性和可重复性；同时，模型中所选取的 4 个指标均易于获取数量值，使得模型操作更为简单快捷，更便于在实际中的评估应用。冰湖溃决预测模型中的 4 个指标涉及母冰川、冰湖和冰碛坝的特征。其中，坝顶宽度能够反映冰碛坝抵抗破坏的能力，湖水面距坝顶高度与坝高之比能够反映坝体的水力梯度，冰湖面积反映冰湖储水量，补给冰川面积直接影响冰湖规模的动态变化量。考虑到模型适用的地域性，上述预测指标均能较好地突出冰湖的个性特征，而忽略区域的共性条件。

在建立预测模型的过程中如何选取合适的预测指标，以及如何获取足够具有代表性的冰湖样本和可靠的样本参数，都将直接影响所建模型的预测效果。因此，开展更为深入的冰湖溃决诱因与机制的研究，开发更为可靠和完善的冰湖溃决监测系统，将为建立科学有效的冰湖溃决预测模型提供重要的理论基础和强大的技术支撑。

第六章　冰湖溃决灾害风险
评估体系构建

冰湖溃决历史灾情显示：冰湖溃决灾害与致灾体冰湖面积、体积并无一一对应关系，其灾害损失程度不仅来自冰湖规模大小，而且与坝体结构、沟道坡度、沟道松散物质、承灾体分布状况息息相关。总体上，冰湖溃决灾害是冰湖溃决危险性、承灾体暴露性和脆弱性、承灾区适应能力之间的综合函数。

第一节　冰湖溃决灾害综合风险体系

根据灾害学理论，冰湖溃决灾害的产生必须具有以下条件：（1）必须存在诱发冰湖溃决的致灾体冰碛湖及其外部条件（致灾因子）；（2）冰湖溃决演进区存在一定的暴露体，且承灾体抗灾性能较弱；（3）承灾区适应能力不足以应对潜在冰湖溃决灾害。因此，冰湖溃决灾害综合风险是危险性冰湖溃决事件对承灾区经济、社会和环境造成不利影响的可能性预估。

因此，综合风险（Integrated Risk，R）可以表示为冰湖溃决致灾因子（Hazard，D）、承灾体暴露性（Exposure，E）、承灾体脆弱性（Vulnerability，V）和承灾区适应能力（Adaptation，A）的函数：$R = f(D, E, V, A)$。总体上，致灾体冰碛湖溃决是冰湖溃决灾害发生的必要条件，而孕灾环境、承载体暴露性和脆弱性、风险管理与控制适应能力则为冰湖溃决灾害发生的充分条件，其因子相互影响、相互作用，共同构成冰湖溃决灾害综合风险系统（图6-1）。

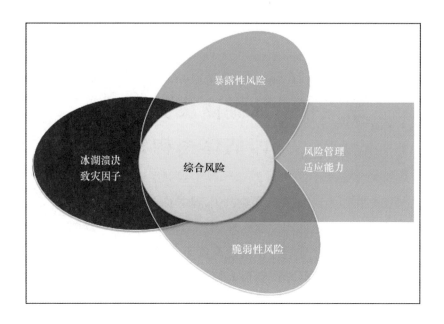

图 6-1 冰湖溃决灾害综合风险系统

第二节 冰湖溃决灾害风险评估体系构建

中国喜马拉雅山区山高谷深，承灾区经济社会系统极为脆弱，适应能力相当有限，近50多年来发生过30余次较大的溃决事件，造成巨大的人员伤亡和财产损失。以往在冰湖溃决机理研究方面取得了较大进展和成果，而对下游承灾区经济社会系统受损风险却考虑较少。本书借鉴其他自然灾害风险评估方法和冰湖溃机理研究，以中国喜马拉雅山区20个县域为研究对象，选取冰湖溃决灾害综合风险评估的目标层、准则层和因素层，并通过特菲尔法、层次分析和熵权系数，构建了冰湖溃决灾害综合风险评估体系。

一 指标设计原则

科学合理的指标体系是系统评价准确可靠的基础和保证，也是正确引导系统发展方向的重要手段，指标体系应从不同侧面反映系统特征、覆盖系统的主要性状，并能反映系统的整体功能与综合风险。冰湖溃决灾害风险评价是对冰湖溃决概率、溃决洪水演进区及其承灾区风险的综合评估，其评价不仅要着眼于冰湖溃决致灾因子,还应关注演进区和承灾区经济社会系统的可能性风险程度。

(一) 科学性与实用性原则

冰湖溃决始发区与承灾区相对高差巨大,冰湖溃决概率确定较难,因此,建立科学合理的综合风险评价指标体系,是灾害风险区划和防灾救灾的基础。同时,指标体系要客观实用、目的明确、定义准确,指标内容要简明、易懂,反对模棱两可、含混不清指标的出现。

(二) 系统性与层次性原则

指标体系应全面反映冰湖溃决灾害风险的各个方面,既要反映冰湖溃决风险,又要反映承灾区经济社会系统受损的可能风险。同时,需要根据指标体系的系统结构分出层次,并将指标体系分类,便于使用。指标体系的内容要简单明了、准确、具有代表性。指标数量不宜过大,指标数目应尽可能压缩,以易于操作。

(三) 定性与定量相结合原则

冰湖溃决洪水灾害综合风险评价是一项十分复杂的工作,如果对指标逐一量化,缺乏科学依据,在实际操作过程中必须充分结合定性分析,因此,定性指标不可或缺。

(四) 可操作性和公认性原则

指标选取具有代表性,同时兼顾统计数据的可获得性,使指标可采集、可量化、可对比。同时,评价指标不仅要以客观指标反映地区防灾减灾能力的数量特征,更要把群众认可、满意作为一项重要的衡量标准,提高公众对政府防灾减灾体系建设的参与度和认可度。

二 指标筛选方法

用频率统计法、理论分析法和专家咨询法得到一般评价指标体系。频度统计法主要是对目前有关研究文献进行频度统计,选择那些使用频度高的指标;理论分析法主要对区域滑坡、泥石流灾害危险性、易灾性、减灾能力与区域科学持续发展的内涵、特征、基本要素、主要问题进行分析、比较、综合,选择那些含义准确、针对性强的指标;专家咨询法主要是在初步提出评价指标的基础上,进一步征询有关专家意见,对指标进行调整。

　　根据各因素指标集合对上级综合指标涵盖的代表性及指标数据的可得性，采用主成分分析和独立性分析方法确定具体指标体系。主成分分析，主要是进行评价时希望用较少的指标较全面地反映评价目标性质特征，为此，需要选择那些与较多指标有相关关系的指标作为评价指标；独立性分析，主要在评价时一般要求指标间自由变动而彼此不受牵连，即指标的重叠度小、相关关系小、独立性强。两种方法结合，可以得到内涵丰富而又相对独立的具体指标体系。

　　对于部分数据很难获取又不能舍去的指标，选择代表性、相关性较强的某一指标或若干指标综合生成指数替代；有些难于得到准确定量数据但能够定性分级并保证评价目标分级的，可以形成量化等级值参与评级。

三　风险因子分析

（一）危险性分析

　　危险性是指影响冰湖溃决的各类因素或条件，如冰湖面积、冰湖扩张率、气候、下垫面情况、地震活动状况等。危险性分析的重点是为决策者提供灾害可能发生概率、规模及其强度等情况，同时也为规避灾害风险和减小灾害风险以及进行灾害管理提供了科学依据。冰湖溃决灾害危险性具体包括危险性冰湖数量、冰湖面积、冰湖变化率、与母冰川距离、冰湖与母冰川之间的坡度、沟道平均坡度、沟道下垫面状况、相对高差等。危险性分析的方法包括野外调查法、模拟实验法、遥感技术方法、历史资料的统计方法和模型预测法。

（二）暴露度分析

　　暴露是指可能受到致灾因子威胁的人员、财产及其环境。暴露性分析主要研究一定强度冰湖溃决灾害发生后的受灾范围内，承灾区承灾体的数量及分布情况。具体量化标准如人口密度、耕地面积、路网密度（道路通畅对于防灾减灾是非常重要，是紧急状态下的社会保障的重要组成部分）、牲畜存栏量、单位平方公里建筑面积、水电站数量、基础设施、个人财产等。暴露性分析的主要方法为实地调查和遥感。

（三）脆弱性分析

　　脆弱性，即敏感性，亦指承灾体抗灾性能。冰湖溃决承灾区脆弱性分析主要是依据溃决事件的强弱和承灾体性能，对可能造成的毁坏程度进行预测。但是由于人们对承灾性的破坏机理未完全掌握，加之承灾体的关键数据难以获得，因此，承灾体的脆弱性分析还存在着许多不确定的因素。具体评价因子包括道路等级、建筑结构类型（木质结构、土石结构、砖混结构、框架结构等，此处由农牧民纯收入来表征）、人口抚养比（0—14 岁和 60 岁以上人口数之和与 15—49 岁年龄组人口数总和之比）、农牧业人口比例（农业人口的文化层次和信息量都比较有限，灾害发生时不能及时做出应对方案，从而造成易损）、生态脆弱性、森林覆盖率（冰湖溃决灾害风险的易损性和沟道地表植被的覆盖度成负相关关系，覆盖度越高，对灾害风险的抵抗性越好，易损性越小。相同的灾害风险，林地的易损性低于草地，高覆盖度草地的易损性低于低覆盖度草地，裸地由于没有植被覆盖而具有最高的易损性）。一般承灾体的脆弱性或易损性越低，灾害损失越小，灾害风险也越小，反之亦然。承灾体的脆弱性或易损性的大小，既与其物质成分、结构有关，也与防灾力度有关。敏感性分析方法主要包括理想化数据模型（如受力分析、流体动力学分析）、灾损曲线等方法。

（四）适应能力分析

适应能力是指冰湖溃决灾害预防、应急、抗灾、救灾和灾后重建能力等，主要评价因子诸如区域 GDP（灾害对经济的发展是不可估计的，而经济发展对灾害的影响也是很重要的）、农牧民纯收入、固定资产投资、教育水平（在校学生/总人口）、客运量、货运量、农牧民防灾抗灾意识水平（直接影响人们对待灾害的反应和态度）、抗灾救灾应急能力（政府是否成立灾害应急领导小组）、区域卫生医疗条件（每千人病床数和卫生技术人员，揭示其救助和救护能力大小）、土地利用规划是否考虑冰湖溃决灾害风险、灾害排险和预防工程措施是否具备、通信普及率、广播电视覆盖率（每 1000 人拥有电视机数，这影响灾害信息的畅通与否）、是否建立早期的冰湖溃决预警和预报体系、灾后恢复能力、灾害科普宣传力度如何（科普宣传主要是对人们进行科学的防灾、减灾和救灾知识的培训，使人们在灾害发生的时候能够采取正确的措施，从而减轻灾害的损毁程度）。

四 评估体系建立

喜马拉雅山区冰湖溃决灾害综合风险评价的难点之一是评价指标的遴选，评价指标不全面、不准确，或评价因子过多，均会直接影响评价结果的科学性和合理性，进而影响其防灾救灾风险管理的实施。目前，尚无一个较为成熟的冰湖溃决灾害综合风险评估体系。冰湖溃决灾害风险是对致灾体冰湖溃决危险性（概率）预测和承灾体脆弱性（由承灾体暴露性、敏感性和承灾区适应性风险三者决定）估算的综合，其影响因素很多，亦很复杂。其中，危险性属于自然系统，人类很难左右；脆弱性则更多地关注社会经济系统，是防灾减灾的重点。一般而言，致灾体冰湖溃决概率越大，则强度越大，溃决灾害损失越严重，灾害风险也越大。同样，承灾区脆弱性越大，则冰湖溃决灾损风险也就越大。冰湖溃决概率主要受控于致灾体冰湖库容、母冰川状况、坝体结构及其气候背景等的综合影响，而承灾区脆弱性则主要受控于承灾体人口、牲畜、房屋、路网、农田、基础设施等的数量及其密度，承灾体结构、等级及承灾性能等要素，以及承灾区防灾减灾能力及其灾后恢复和救助能力等经济社会适应性因素。

鉴于此，本书在借鉴国内外研究成果和综合分析冰湖溃决灾害风险因子基础上，根据全面性、层次性、可测性、可行性和数据可获得性原则，综合文献的研究成果、喜马拉雅山中段冰湖溃决历史事件和危险性冰湖变化情况，最终确定包括 16 项评价因子在内的冰湖溃决灾害综合风险评价指标体系。总体上，评估体系包括 4 项一级指标和 16 项二级指标，二级指标由遥感影像解译、统计年鉴、专题地图获取（表 6-1）。

表 6-1　　　　　冰湖溃决灾害综合风险评价指标体系

	准则层	因素层	单位	指标说明
综合风险指数（目标层 A）	危险性（B1）	冰湖数量（C1）	个	数量的多少决定了冰湖溃决概率
		冰湖面积（C2）	km²	冰湖面积决定库容，进而决定最大演进距离和淹没区
		面积变化率（C3）	%	冰湖扩张增加了其溃决概率
		地震烈度（C4）	—	反映冰湖溃决致灾诱因程度

	准则层	因素层	单位	指标说明
综合风险指数（目标层A）	暴露性（B2）	人口密度（C5）	人/km²	表明受灾人群数量
		牲畜密度（C6）	万只/km²	表明受灾牲畜数量
		农作物面积（C7）	hm²	反映耕地受损面积
		路网密度（C8）	km/km²	反映道路受损密度
		经济密度（C9）	万元/km²	反映农林牧副渔产值受损密度
	敏感性（B3）	农牧业人口比例（C10）	%	农牧业人口是易受溃决灾害影响的脆弱性人群
		小牲畜比例（C11）	%	小牲畜比例越高，敏感性越强
		建筑等级（C12）	—	表明建筑物的抗灾程度，以农牧民人均纯收入代替
		高等级公路比例（C13）	—	表明道路敏感性，以国道和省道里程比例代替
	适应性（B4）	地区GCP产值（C14）	亿元	反映区域适应灾害经济能力大小
		财政收入占GDP份额（C15）	%	反映区域财政支撑能力
		固定资产投资密度（C16）	万元/km²	用以反映防灾救灾基础设施的投入力度大小

第三节　指标赋权与权重分析

指标权重大小直接关系到评价结果的准确与否，对最终评估结果起着至关重要的作用。因此，在建立综合评价模型时，各指标权重的确定是其核心问题。从目前各类研究成果来看，根据确定途径的不同，对于权重确定的方法大致可分为两大类：一类是由专家根据经验判断各评价指标相对于评价目的而言的相对重要程度，然后经过综合处理获得指标权重的主观赋权法；另一类是直接依据评价对象指标属性值的特征确定各指标权重，称之为客观赋权法。其中，主观赋权法主要有主观经验判断法、专家征询或专家调查法、评判专家集体讨论法、层次分析法，其优点主要体现了决策者的经验判断。客观赋权法注重实际数据的重要性程度。冰湖溃决灾害风险因子权重确定与指标遴选同样至关重要，直接影响风险评价结果。主观赋权过分依赖专家意见，而客观赋权则过分依赖数学的定量方法，把指标的重要性同等化，且往往忽视冰湖溃决灾害形成机理及评估指标的主观定性分析。为全面反映潜在危险性冰湖溃决灾害风险评估体系指标重要性，本书利用专家对各指标给出的主观权重（ω_i，由 *AHP* 法确定）与客观权重（α_i，由熵权系数法确定）相结合，最终确定各指标综合权重（σ_i）（公式15）（王世金，2015）。最终权重分布如表 6 – 2 所示。

$$\sigma_i = \alpha_i\omega_i / \sum_{i=1}^{m} \alpha_i\omega_i \tag{15}$$

表 6 – 2 　　　　　　　　冰湖溃决灾害综合风险评价体系各要素权重

	准则层	因素层	综合权重（σ_i）	排序
综合风险指数（目标层 A）	危险性（B1）(0.36)	冰湖数量（C1）	0.1094	4
		冰湖面积（C2）	0.1264	2
		面积变化率（C3）	0.0731	5
		地震烈度（C4）	0.0511	8
	暴露性（B2）(0.26)	人口密度（C5）	0.0658	6
		牲畜密度（C6）	0.0473	11
		农作物面积（C7）	0.0395	16
		路网密度（C8）	0.0484	10
		经济密度（C9）	0.0590	7
	敏感性（B3）(0.18)	农牧业人口比例（C10）	0.0499	9
		小牲畜比例（C11）	0.0407	15
		建筑等级（C12）	0.0464	12
		高等级公路比例（C13）	0.0430	14
	适应性（B4）(0.30)	地区 GCP 产值（C14）	0.1401	1
		财政收入占 GDP 份额（C15）	0.0441	13
		固定资产投资密度（C16）	0.1158	3

准则层（B）权重排序显示：危险性风险所占比重最大，为 0.32；适应性风险次之，权重 0.30。危险性风险属于自然系统，其冰湖溃决、地震

诱因人类很难左右，同时，致灾区危险性风险也是冰湖溃决灾害发生的必要条件，因此，权重最大。适应性风险则更多地关注承灾区社会经济系统防灾减灾能力大小，其强有力的防灾减灾措施将使冰湖溃决灾害控制在萌芽状态，其重要性显而易见，故权重为位列第二（表6-2）。暴露体要素的存在是冰湖溃决灾害是否发生的前提，而暴露体要素敏感性（抗灾性能）风险大小则决定了冰湖溃决灾害的灾情程度。因此，二者权重分列第三位（0.26）和第四位（0.18）。因素层（C）权重排序显示，地区GDP产值、冰湖面积、固定资产投资密度、冰湖数量、冰湖面积变化率分列前五位，权重分别为0.14、0.126、0.116、0.109、0.073。可以说，冰湖溃决灾害综合风险大小主要取决于地区经济水平及其冰湖自身条件。另外，其他要素的存在也是影响冰湖溃决灾害综合风险的重要因子（表6-2）。

第四节 风险评估模型构建

一 数据标准化处理

评估指标无量纲化处理也叫数据标准化处理（Data Normalization），是通过数学变换来消除原始指标间量纲，将数据按比例缩放，使之落入一个小的特定区间的方法。为尽可能反映实际情况，有效避免各原始数据的量纲差异，本书对原始数据进行Z-Scores标准化变换，得到相应评分值，无量纲化后各变量的平均值为0，标准差为1（公式16）。当该指标为正向指标，值越大越冰湖溃决灾害风险越大。当指标为逆向指标，值越小越综合风险越大时，首先将逆向指标 Y_{ij} 进行正向化处理（公式17），然后再利用正向指标对待即可。

$$X_{ij} = \frac{x_{ij} - \overline{x_i}}{S_i} \tag{16}$$

$$Y_{ij} = - X_{ij} \tag{17}$$

$$其中，S_i = \sqrt{\frac{1}{n} \sum_{j=1}^{n} (x_{ij} - \overline{x_i})^2} \tag{18}$$

$$\overline{x_i} = \frac{1}{n} \sum_{j=1}^{n} x_{ij} \tag{19}$$

式中，X_{ij} 为第 j 个县域第 i 个指标标准化值；x_{ij} 为第 j 个县域第 i 个指标原始值; $\overline{x_i}$ 为第 i 个指标原始平均值; S_i 为第 i 个指标标准偏差。

二 评估模型

冰湖溃决灾害风险评价体系中每一个指标从不同侧面反映研究区冰湖溃决灾害风险程度，欲全面反映其综合风险，还需进行加权综合风险评价。本书采用多目标线性加权综合评估方法，通过对 n 个因素层评价指标进行加权处理，以计算研究区各县冰湖溃决灾害综合风险指数（R），其模型如下：

$$R = \sum_{i=1}^{m} x_{ij}\sigma_{ij} \qquad (20)$$

式中，x_{ij} 为第 i 个县域第 j 个指标标准化得分值，σ_{ij} 为第 i 个县域第 j 个指标在上一层因子下的权重。其中，权重由主客观综合权重确定（公式15）。最后，将评估结果采用等距法划分为五类，即极高、高度、中度、低度和极低冰湖溃决灾综合风险区。

第七章 冰湖溃决灾害综合
风险评估与区划

冰湖溃决灾害风险评估与区划是其风险管理的重要内容和基础工作，合理的冰湖溃决灾害风险评估能够为冰湖溃决灾害预警和防灾减灾工作提供科学依据。通过建立冰湖溃决灾害危险性、暴露性、脆弱性和防灾减灾能力于一体的指标体系，采用综合评估方法，借助 ArcGIS 空间分析，对中国喜马拉雅山区冰湖溃决灾害综合风险进行评估与区划。

第一节 冰湖溃决灾害危险性风险分析

冰湖溃决灾害致灾区危险性风险评估指标包括冰湖数量、冰湖面积、冰湖面积变化率、地震烈度四项评价因子。2009—2010 年，喜马拉雅山区面积超过 0.02 km^2 的冰碛湖 329 个，总面积达 125.43 km^2。其中，中段聂拉木县冰湖数量（34 个）居第三位；但冰湖面积最大，达 28.74 km^2。定日县冰湖数量（40 个）居第一位；面积 16.94 km^2，却排第二位。东段洛扎县冰湖数量（38 个）居第二位；冰湖面积达 14.85 km^2，位列第三。定结、仲巴和康马县拥有较多冰湖数量和较大冰湖面积，冰湖数量和面积分别达 28 个、26 个、15 个和 11.94km^2、12.80km^2、11.54 km^2。其他县域拥有较少的冰湖数量和较小冰湖面积。其中，扎达、噶尔、萨嘎和措美县不仅冰湖数量少，而且面积也非常小，其面积均不足 1 km^2（图 4 – 1；图4 – 2）。1990 年代至 2010 年代，扎达、仲巴、洛扎、定结、浪卡子、隆子、聂拉木和吉隆 8 县冰碛湖面积扩张率均超过了 27%，分别达 76.57%、49.60%、36.50%、35.51%、34.81%、32.89%、30.50%、27.87%。噶尔、错那、定日、普兰和康马县冰湖面积增速在 10%—20% 之间。

朗县、墨脱、措美、亚东和岗巴县冰湖面积变化较小，其增速均低于10%。相反，米林和萨嘎县冰湖面积则出现了减小态势（见图4-3）。

喜马拉雅山区地处印度洋板块与欧亚板块的接触带，褶皱带内新构造运动强烈，地震活动频繁强烈，地震类型较，特别是6级以上大地震都属于地壳构造活动带的弹性应变能积聚和突然释放所形成的构造地震。构造地震受地质构造条件控制，往往发生在活动构造体系内的活动构造带上。2015年4月25日，尼泊尔发生震级8.1级左右的强烈地震，整个喜马拉雅山中段震感强烈。对于地震烈度①，总体上，喜马拉雅山区地震烈度普遍较高，最低烈度在Ⅶ级及其以上。≥Ⅸ级的地震烈度区主要集中在墨脱县西北部、错那县北部和普兰县河谷地带，而噶尔县西北、普兰县大部分区域、聂拉木县西部和吉隆县东部大部分区域，以及错那至墨脱县部分区域地震烈度达到了Ⅷ级。札达、仲巴、萨嘎、定日、定结、岗巴、亚东、康马、朗卡子和洛扎县绝大部分区域地处Ⅶ级地震烈度区（图7-1）。可以预见，研究区在明显的持续增温及地震频发背景下，形成冰湖溃决灾害的可能性亦很大，各方面应给予高度关注和重视。

根据评估体系风险等级划分标准和各因子权重（冰湖面积、冰湖数量、冰湖面积变化率和地震烈度权重分别为0.1264、0.1094、0.0731、0.0511），计算其冰湖溃决灾害致灾区危险性风险，其评估结果显示：冰湖溃决灾害危险性极高的风险区主要位于喜马拉雅山中段的仲巴、定日、聂拉木、定结县，以及东段的洛扎县和错那县，该区域也是冰湖溃决灾害发生集中区。该区域仲巴、定日、聂拉木、定结县、洛扎县面积大于等于0.02 km²的冰湖数量均超过25个，冰湖面积均大于10.00 km²，而且20多年间冰湖面积变化率均超过了15%。其中，错那冰湖数量28个，位居第四位，面积仅3.54 km²，但该县域大部分地处Ⅷ级及其≥Ⅸ级地震烈度区域，且有冰湖溃溃决灾害历史纪录。高度风险区则位于西段的普兰、中段的吉隆和东段的康马，该区域冰湖数量均在15个以上，面积介于2.50—12.00 km²，冰湖面积变化率均超过10%，其中，

---

① 地震烈度，即地震引起的地面震动及其影响的强弱程度（全国地震标准化技术委员会，2009），反映冰湖溃决致灾诱因程度。地震烈度共分为12级（Ⅰ、Ⅱ、Ⅲ、Ⅳ、Ⅴ、Ⅵ、Ⅶ、Ⅷ、Ⅸ、Ⅹ、Ⅺ、Ⅻ）。其中，Ⅶ、Ⅷ≥Ⅸ地震烈度对应的水平向地震动参数峰值加速度分别为0.90—1.77m/s²、2.50—3.53m/s²、3.54—14.14m/s²。Ⅰ—Ⅴ以地面以上以及底层房屋中的人的感觉和其他震害为主，Ⅵ—Ⅵ以房屋震害为主。Ⅴ以上为房屋和地表综合震害。

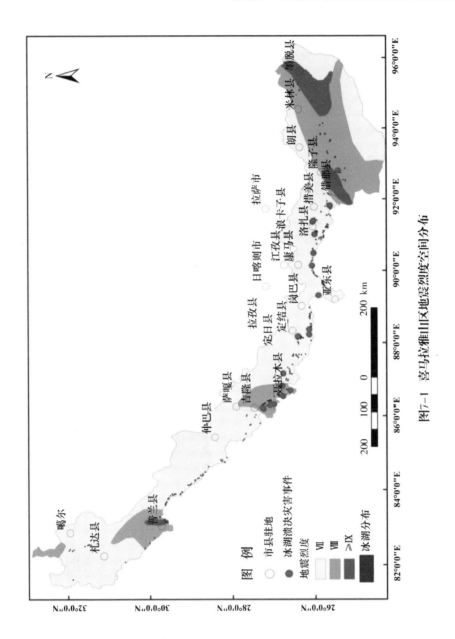

图7-1 喜马拉雅山区地震烈度空间分布

普兰县和吉隆县部分区域地处≥Ⅷ以上地震烈度以上，其潜在危险性风险较大。研究区西段扎达、中段萨嘎、岗巴、亚东县，以及东段隆子县、米林、墨脱县则处于低度或极低风险区（图7-2），该区域冰湖数量极少，冰湖面积及其变化率相对很小，故潜在危险性风险也很小。其他区域位于中度风险区。

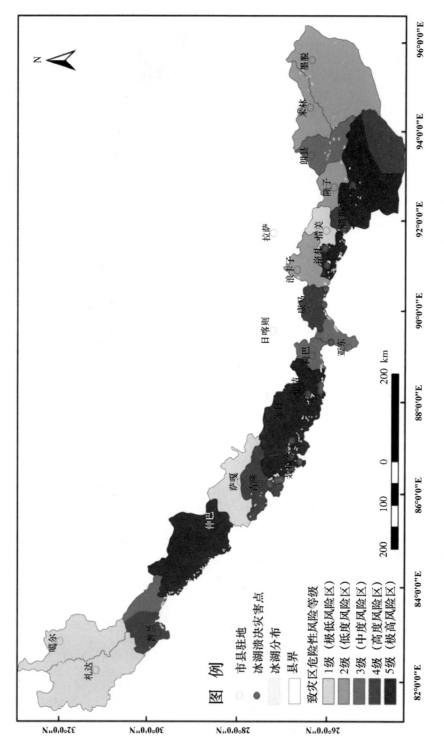

图7-2 喜马拉雅山区冰湖溃决灾害危险性风险空间分布

第二节 冰湖溃决灾害暴露性风险分析

　　暴露性在冰湖溃决演进区的存在是冰湖溃决灾害形成的社会条件。冰湖溃决灾害承灾体暴露性风险评估指标包括人口密度、牲畜密度、农作物播种面积、路网密度、经济密度五项评价因子。2012 年，喜马拉雅山区人口总数达 394860 人，占西藏自治区总人口的 13.02%，其人口密度为 2.46 人/km²，略低于西藏自治区人口密度（2.52 人/km²），而远低于全国人口密度的 146 人/km²。其中，隆子县人口密度最高，密度达 8.24 人/km²。洛扎、朗县、定日、定结、康马、措美和亚东县人口密度较高，介于 3.03 人/km²—3.99 人/km² 之间。岗巴、米林、聂拉木、错那、萨嘎、吉隆和朗卡子县人口密度较小，介于 1 人/km²—3 人/km² 之间，而噶尔、普兰、扎达、仲巴、墨脱人口密度最小，三县人口密度均在 1 人/km² 以下（图 7-3）。2012 年，研究区牲畜存栏量达 375.49 万只（头），其密度达 18.77 只／km²，略高于西藏自治区牲畜密度的 17.79 只（头）／km²，而仅为全国牲畜密度［71.29 只（头）／km²］的 26.15%。在空间分布上，牲畜密度较高区域主要集中在喜马拉雅山中东部人部分县域。其中，隆子、定结、岗巴、措美、康马、聂拉木、定日、朗县和亚东县牲畜密度较高，介于 21.762 只（头）／km²—45.84 只（头）／km² 之间。噶尔、洛扎、萨嘎、吉隆、仲巴、米林、朗卡子和错那县牲畜密度相对较高，介于 10.05 只（头）／km²—19.22 只（头）／km² 之间。而普兰、扎达和墨脱县则均在 10 只（头）／km² 以下。其中，墨脱县牲畜密度则不足 1 只（头）／km²（图7-4）。

　　2012 年，研究区总农作物播种面积为 37.57 千 hm²，占西藏自治区播种面积的 15.40%。其中，定日县农作物播种面积最大，达 6.812 千 hm²。米林、康马、定结、朗卡子和洛扎县播种面积较大，分别达 3.353 千公顷、3.14 千 hm²、2.605 千 hm²、2.578 千 hm² 和 2.07 千 hm²。以上 6 县域农作物播种面积均超过 2 千 hm²。噶尔、聂拉木、墨脱、岗巴、错那、朗县和吉隆县农作物播种面积介于 1 千 hm²—2 千 hm² 之间，而措美、亚东、扎达、萨嘎、普兰和仲巴县农作物播种面积则不足 1 千 hm²。2012 年，研究区公路总里程达 8142 km，平均密度 0.047 km/km²。扎达、定日、噶尔、仲巴、普兰和朗卡子县公路里程较长，均分别超过 500 km 里程。其他县域公路里

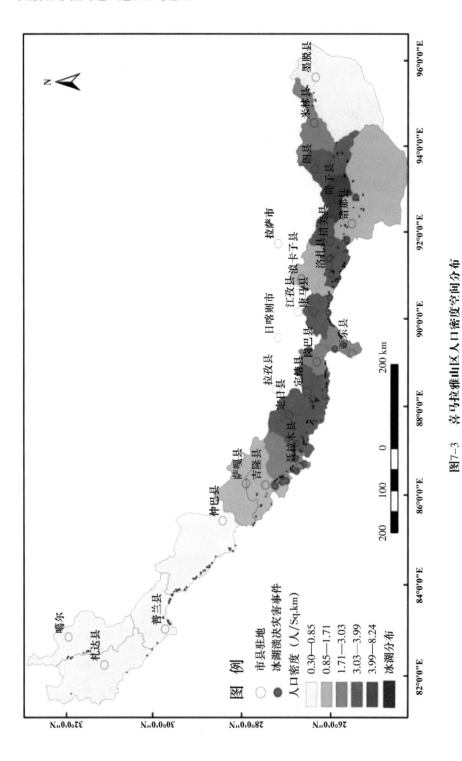

图7-3 喜马拉雅山区人口密度空间分布

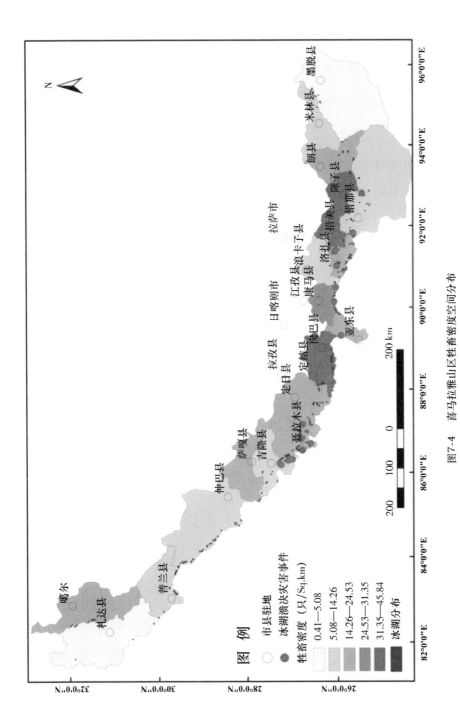

图7-4　喜马拉雅山区牲畜密度空间分布

程均在 400 km 以下。岗巴、朗县、隆子、亚东、措美和噶尔县路网密度较高，均在 0.05km/km² 以上。定日、定结、吉隆、洛扎和康马县公路里程也相对较高，均高于 0.04 km/km²。普兰、米林、错那、萨嘎、札达、聂拉木、朗卡子、仲巴和墨脱县路网密度则均在 0.04 km/km² 以下。特别地，朗卡子、仲巴和墨脱县路网密度则不足 0.02 k m/km²。2012 年，研究区 20 县农林牧副渔产值 16.71 亿元，平均农牧业经济密度为 0.65 万元/km²，占西藏农林牧副渔经济密度（1.26 万元/km²）的 51.59%。其中，朗县农牧业经济密度达 2.998 万元/km²，位列 20 县第一位。隆子、亚东、康马、定日、米林、定结、聂拉木、洛扎和岗巴县农牧业经济密度介于 1.0 万元/km²—2.0 万元/km² 之间。措美、吉隆、萨嘎和普兰县农牧业经济密度介于 0.5 万元/km²—1.0 万元/km² 之间。然而，仲巴、错那、札达、朗卡子和墨脱县农牧业经济密度则不足 0.50 万元/km²。特别是，墨脱县农牧业经济密度不足 0.1 万元/km²（图 7-5）。

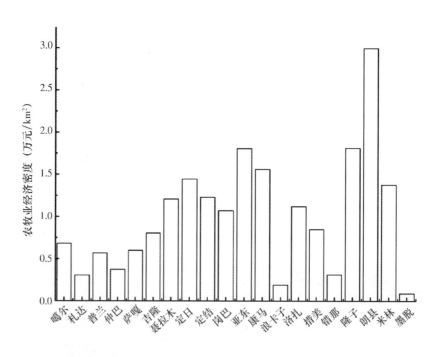

图 7-5　喜马拉雅山区农牧业经济密度

　　根据评估体系风险等级划分标准和各因子权重（人口密度、牲畜密度、农作物播种面积、路网密度、经济密度权重分别为 0.0658、0.0473、0.0395、0.0484、0.0590），计算其冰湖溃决灾害承灾区承灾体暴露性风险，其评估结果显示：冰湖溃决灾害暴露性极高风险区主要位于喜马拉雅山中段定结县和东段措美县及隆子县，该区域人口和牲畜密度均明显高于其他县域，分别超过了 3.50 人/km² 和 38 万只（头）/km²，同时该区域拥有较高的农牧业经济密度，其农牧业经济密度介于 0.8 万元/km²—2.0 万元/km²。暴露性高度风险区位于中段定日县、岗巴县、亚东县，以及东段的康马县和朗县，该区域拥有较高人口密度和牲畜密度、较大农作物播种面积、较高路网密度和较大的农牧业经济密度，其人口密度、牲畜密度、农作物播种面积、路网密度、农林牧副渔经济密度分别≥2.60 人/km²、21.76 万只（头）/km²、887 公顷、0.039 km/km²、1.072 万元/km²。西段萨嘎县和东段洛扎县、错那县暴露性风险次之，处于高暴露性风险区，该区域拥有较高人口密度、牲畜密度、较高路网密度和农林牧副渔经济密度，人口密度、牲畜密度、路网密度、农林牧副渔经济密度分别介于 1.10 人/km²—4.00 人/km²、10 万只（头）/km²—20 万只（头）/km²、0.032km/km²—0.044 km/km²、0.30 万元/km²—0.60 万元/km²，其中，洛扎县和错那县农作物播种面积较大，分别为 2070 公顷、1482 公顷，而萨嘎县则为 887 公顷。暴露性极低和低度风险区主要位于研究区西段的札达县、中段的仲巴县和东段的墨脱县，该区域各县人口和牲畜密度较低，且路网密度较为稀疏，农牧业经济密度亦较低，分别不足 0.50 万人/km²、15 万只（头）/km²、0.015 km/km²、0.40 万元/km²。其他县域则处于中度或低度风险区（图 7-6）。

第三节 冰湖溃决灾害脆弱性风险分析

冰湖溃决灾害承灾体敏感性风险评估指标包括农牧业人口比例、小牲畜比例、建筑结构指数、高等级公路比例四项评价因子。2012 年，研究区定日、朗卡子、隆子、仲巴和康马县拥有较高的农牧业人口，农牧业人口数分别达 51006 人、35265 人、33354 人、21315 人、20210 人，均高于 2 万人口，从而使其农牧业人口占县总人口数比例均超过了 90% 以上。定结、洛扎、米林和聂拉木县农牧业人口介于 1.5 万人—2.0 万人之间，其农牧业

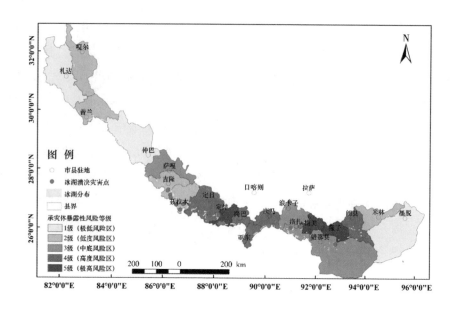

图 7 - 6　喜马拉雅山区冰湖溃决灾害暴露性风险空间分布

人口比例介于 71.87%—90.46% 之间。另外，措美、吉隆、岗巴、萨嘎、普兰和错那县也拥有较高的农牧业人口比例，其比例在 87%—89% 之间。噶尔、札达、米林、朗县和墨脱县农牧业人口比例相对较低，均低于 80%（图 7 - 7）。2012 年，研究区小牲畜存栏量达 257.83 万只（头），占牲畜总量的 68.67%。其中，仲巴、定日、定结、噶尔、萨嘎、康马、聂拉木和岗巴县小牲畜比例较高，介于 15.27%—53.65%。普兰、吉隆和札达县小牲畜比例在 10%—12% 之间。其他县域小牲畜比例均在 10% 以下。相反，研究区中西段小牲畜比例较高，而中东段则大牲畜比例较高。农牧民人均纯收入决定了农牧民房屋建筑等级结构，人均纯收入越高，建筑等级结构越高。结果显示，研究区农牧民人均纯收入为 5239 元。其中，米林、朗县和仲巴县农牧民纯收入较高，分别为 8782 元、7599 元和 6281 元。洛扎、隆子、朗卡子、措美、康马、亚东、岗巴和错那县农牧民纯收入较高，介于 5000 元—6000 元之间。其他县域农牧民纯收入均低于 5000 元。喜马拉雅山区国道兰新线 219 贯穿噶尔县、普兰县、萨嘎县，国道川藏线 318 贯穿定日和聂拉木县，省道 301 一部分延伸至噶尔县，省道 207 贯穿于普兰县，省道贯穿于亚东县，省道 307 一部分路经朗卡子县，省道 304 贯穿于错那县与隆子县，省道 306 贯穿于朗县和米林县外，其他路网绝大多数为县道或乡村公路。由此也形成了聂拉木县、普兰县、萨嘎县、噶尔县、康马县、仲巴县、亚东县和米林县拥有较高的高等级公路比例，以上8县高等级公里里程占总里程比例均在30%以上，其他县域则均在30%以下，特别是岗巴县、措美县、定结县、吉隆县、洛扎县、札达县和墨脱县则无高等级公路分布。总体上，喜马拉雅山区公路密度及其等级普遍较低。

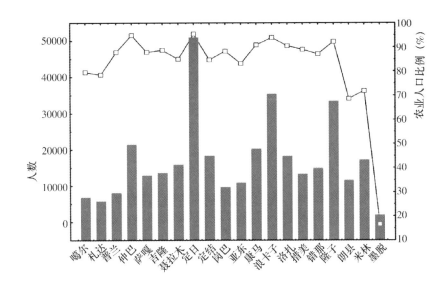

图7-7　喜马拉雅山区农牧业人口及其比例

根据评估体系风险等级划分标准和各因子权重（农牧业人口比例、小牲畜比例、建筑结构指数、高等级公路比例权重分别为0.04986、0.04068、0.04644、0.04302），计算其冰湖溃决灾害承灾区承灾体敏感性风险，其评估结果显示：敏感性极高风险区位于研究区中段吉隆、定日、定结、岗巴各县和西段康马县，该类县域无高等级公路分布（除定日县、康马县），农牧业人口比例较高（均高于84%），小牲畜比例均高于80%，且农牧民收入普遍较低（该指标决定了农牧民房屋建筑结构等级，纯收入越高，房屋建筑等级越高，风险越小。反之，建筑等级越低，风险则越大）。西段札达县和东段洛扎县处于高度风险区，这两个县没有高等级公路分布，且拥有较低的农牧民纯收入，其中，札达县拥有较高的小牲畜比例，而洛扎县则拥有较高的农牧业人口比例。东段浪卡子县、措美县、隆子县和墨脱县处于中度风险区。西段噶尔县、普兰县,中段仲巴县、萨嘎县、聂拉木县、亚东县和东段错那县、米林县敏感性处于低度风险区。总体上,该类区域拥有较高的高等级路网等级比例(均高于 13%),较低的农牧业人口比例(除仲巴县 94.86%,其他均低于 88.00%)和较高的农牧民纯收入(除普兰县,均高于 4300 元)。朗县城镇化率较高(城镇化率达 31.40%),其农牧业人口比例仅 68.60%,且拥有较低的小牲畜比例,较高的农牧民纯收入和较高的高等级路网等级比例,故处于极低风险区(图 7 - 8)。

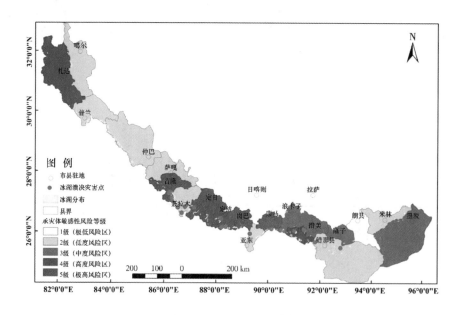

图 7 - 8   喜马拉雅山区冰湖溃决灾害脆弱性风险空间分布

第四节   冰湖溃决灾害适应性风险分析

冰湖溃决灾害承灾体敏感性风险评估指标包括地区 GDP、财政收入占 GDP 份额、固定资产投资密度三项评价因子。2012 年,喜马拉雅山区 20 县地区 GDP 仅为 61.867 亿元,仅占西藏自治区总量(701.03 亿元)的 8.82%。其中,藏东南地区米林和隆子县地区生产总值位列前两位,分别达 7.95 亿元和 5.40 亿元。中段定日和聂拉木县位列第三位和第四位,分别为 4.57 亿元和 4.31 亿元。西段仲巴和东段朗卡子、亚东、朗县和错那县 GDP 分别达 3.86 亿、3.50 亿元、3.48 亿元、3.12 亿元。吉隆、康马、墨脱、洛扎、定结和萨嘎县 GDP 介于 2 亿元—3 亿元之间，而岗巴、措美、噶尔、普兰和札达县 GDP 则不足 2 亿元（图 7 - 9）。2012 年，研究区财政收入总额 3.06 亿元，仅占西藏自治区 9.95%。其中，地方财政收入多寡决定了地方防灾减灾能力大小。与地区 GDP 一致，藏东南隆子和米林县财政收入位列 20 县前两位，分别达 0.39 亿元和 0.37 亿元。亚东、噶尔、定日、仲巴和朗卡子县地区财政收入分别为 0.35 亿元、0.30 亿元、0.27 亿元、0.18 亿元、0.16 亿元。其他县域财政收入则不足 0.1 亿元。噶尔和亚东县拥有较高的地方财政收入，两县财政收入占 GDP 比例高达 21.57% 和 10.07%，其财政收入在 GDP 中的份额位列 20 县前两位。普兰、隆子、定日、札达和墨脱县财政收入占 GDP 份额介于 5%—10% 之间。其他县域财政收入占 GDP 份额不足 5%。特别是康马县，其财政收入占 GDP 份额不足 3%。较为匮乏的地区财政收入，严重制约着该区域的防灾减灾能力（图7 - 10）。

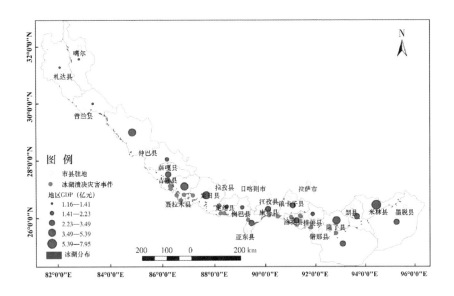

图 7 - 9　喜马拉雅山区各县地区 GDP 空间分布

2012 年，研究区固定资产投资总额 70.64 亿元，仅占西藏自治区（709.98 亿元）的 9.95%，其固定资产投资密度达 2.73 万元/km²，占西藏自治区相应总量的 47.23%。其中，隆子和亚东县固定资产投资密度分列20

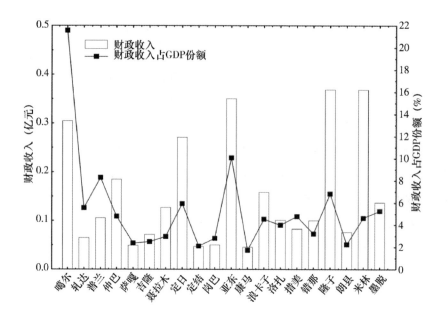

图7-10 喜马拉雅山区各县财政收入及其在GDP中的份额

县前两位，分别为 17.99 万元/km²、12.04 万元/km²。米林、洛扎、朗县、措美和错那县固定资产投资介于 5 万元/km²—10 万元/km²，吉隆、岗巴、定结、定日、聂拉木、康马、噶尔、朗卡子、萨嘎和墨脱县介于 1 万元/km²—5 万元/km²，而普兰、札达和仲巴县固定资产投资密度却不足 1 万元/km²（图7-11）。

根据评估体系风险等级划分标准和各因子权重（地区 GDP、财政收入占 GDP 份额、固定资产投资密度权重分别为 0.1401、0.0441、0.1158），计算其冰湖溃决灾害承灾区适应性风险，评估结果显示：适应性极高风险区位于西段札达县、噶尔县、普兰县、萨嘎县和岗巴县，该区域各县经济实力较弱，其各县域 GDP 不足 2.00 亿元，进而波及固定资产投资力度，其固定资产投资密度不足 2.00 万元/km²（岗巴县除外），从而导致了该区域拥有较低的防灾减灾适应能力。适应性高度风险区位于西段仲巴县，中段吉隆县、定结县，东段康马县、浪卡子县、措美县和墨脱县，该县域经济实力较低，财政收入较低，固定资产投资密度亦较低，故拥有较低的防灾减灾适应能力（图7-12）。

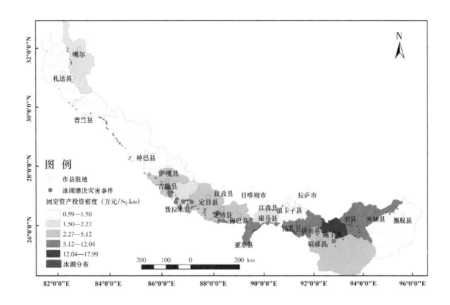

图 7 - 11　喜马拉雅山区固定资产投资密度

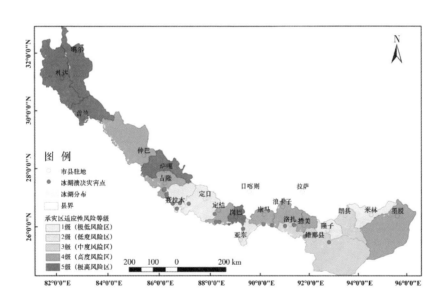

图 7 - 12　喜马拉雅山区冰湖溃决灾害适应性风险空间分布

　　喜马拉雅山东段的洛扎县、错那县和朗县则处于中度风险区，该县域经济实力居中，其各县域 GDP 均超过了 2.50 亿元；财政收入占 GDP 份额相对较小，三县均不足 4.00%；而三县固定资产投资密度较高，均超过了 5.00%，故拥有中度的防灾减灾适应能力。中段聂拉木县、定日县、亚东县，以及东段隆子县和米林县适应能力较强，处于低度和极低风险区，该县域地区生产总值较高（均超过 3.50 亿元），其中，隆子县和米林县 GDP 已超 5.30 亿元。同时，该县域拥有较高的财政收入及其在 GDP 中的比例，其财政收入占 GDP 份额均超过 4.60%（除聂拉木县），进而该县域也拥有较高的固定资产投资密度（亚东县、隆子县和米林县均超过 9.00 万元/km²）（图 7 - 12）。

第五节　冰湖溃决灾害综合风险评估与区划

冰湖溃决灾害综合风险评估指标包括致灾区危险性风险、承灾体暴露性风险、承灾体敏感性风险、承灾区适应性风险四项评价因子，其权重分别为 0.36、0.26、0.18、0.30。综合风险评估结果显示：喜马拉雅山区冰湖溃决灾害综合风险极高区位于中段定日县、定结县、岗巴县和东段康马县及洛扎县，高度风险区位于西段普兰县和中段仲巴县、吉隆县和东段错那县，中度风险区位于中段聂拉木县和东段措美县，低度风险区则位于中段萨嘎县、亚东县和东段浪卡子县、隆子县和朗县，极低风险区位于西段噶尔县、札达县和东段米林县和墨脱县（图 7 - 13）。

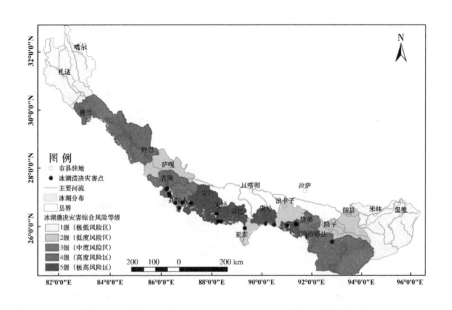

图 7 - 13　喜马拉雅山区冰湖溃决灾害综合风险空间分布

　　可以看出，冰湖溃决灾害综合风险处于极高和高度等级的风险区往往具有极高和高度的危险性风险等级（除岗巴县外），相反，极高和高度综合风险等级的县域则拥有极低和低度的危险性等级标准（除亚东县和朗县）。其中，聂拉木县虽然拥有极高的综合风险指数，但鉴于该县拥有较强的防灾减灾适应能力以及较低的暴露性和敏感性风险等级，进而缓解了该县冰湖溃决灾害综合风险。相反，岗巴县虽然综合风险指数处于中度级别（3级），但由于该县拥有高度的暴露性风险等级和极高的适应性和敏感性风险等级，进而导致该县拥有极高的综合风险等级。其他县域冰湖溃决灾害综合风险等级主要是危险性、暴露性、敏感性和适应性风险共同作用的结果。

第八章　冰湖溃决灾害综合
风险管理与控制

"凡事预则立，不预则废。"与风险共存，应始终做到居安思危、防患于未然。冰湖溃决灾害亦然，其风险管理与控制是一个连续而动态的过程，包括风险管理目标建立、风险分析、风险评估、风险处理、风险处理效果评价等，旨在选择或利用最经济和最有效的技术、方法及工程等综合性手段或措施避免冰湖溃决灾害灾损的发生或使其风险降至最小，进而提高其承灾区的防灾减灾能力。

第一节　指导思想

风险管理（Risk Management）起源于美国，在 20 世纪 50 年代早期和中期，美国大公司发生的重大损失促使高层决策者认识到风险管理的重要性。二战后，随着经济社会和技术的快速发展，风险管理在美国迅速开展起来，成为一门新型管理学科。到 70 年代，风险管理概念、原理和实践已从美国传播至加拿大、欧亚、拉丁美洲的一些国家（马玉宏和赵桂峰，2008）。同期，我国自然灾害评估中也开始引入风险决策理念。

自然灾害的发生不以人的意志为转移，抵御和防范自然灾害是全球面临的重大生存和发展课题。冰湖溃决是气候变化和地震活动等间接因素引发的一种自然灾害，而冰湖溃决频率较低，预兆不明显，往往不易引起人们重视，目前还未有实质性的风险防范和管理意识和措施，这便是导致冰湖溃决灾害损失加大的一个重要原因。冰湖溃决型泥石流具有突发性强、洪峰高、流量大、破坏力大和灾害持续时间短但波及范围广等特点，常造成巨大的财产损失和严重的人员死亡。同时，冰湖海拔分布较高、地势险峻、天气状况复杂，在冰湖附近进行排水泄洪等工程极为困难，仅靠工程措施和专业队伍的监测、排险极为困难。因此，亟须加强冰湖溃决灾害多目标、多方式的综合风险管理措施。

以"以人为本"理念为指导思想，围绕"预防为主、避让与治理相结合"和"源头"控制向"全过程"管理转变原则，通过政府主导与公众参与的有机结合，非工程措施与工程措施相结合，建立集"冰湖溃决灾害预警预报、风险规避、风险处置、防灾减灾、群测群防、应急救助和灾后恢复重建"于一体的综合风险管理体系，其最终目的在于最大限度地减少或规避冰湖溃决灾害对承灾区的危害。同时，深入分析冰湖溃决灾害成因机理，强化防灾减灾基础知识的社区宣传和普及，让承灾区居民知晓冰湖溃决灾害险情和灾情信息，增强其防灾、避灾、减灾意识和自我保护能力，提高冰湖溃决承灾区综合防灾减灾能力，以最大限度地减小或规避潜在冰湖溃决灾害灾损。

第二节　风险管理与控制流程

风险管理与控制是研究风险发生规律和风险控制技术的一门新兴管理学科。所谓风险管理与控制就是指个人、家庭或组织对可能遇到的风险进行风险识别、风险评价，在此基础上对各类风险实施有效控制和妥善处理，期望达到以最小成本获得最大安全保障的科学管理方法（Shook，1997；Koob，1999；Mileti，1999；杨梅英，1999；张继权、李宁，2007）。IPCC（2013）、郑菲等（2012）、尹姗等（2012）认为灾害风险管理与控制是指通过设计、实施和评价各项战略、政策和措施，以增进对灾害风险的认识，鼓励减少和转移灾害风险，并促进备灾、应对灾害和灾后恢复做法的不断完善，旨在提高人类的安全、福祉、生活质量、恢复力和可持续发展。然而，灾害风险是潜在灾害的危险程度，其风险管理理应是灾前管理，不应将灾后管理纳入其中。

冰湖溃决灾害风险影响因素很多，原因较为复杂，涉及天气气候、地形地貌、植被类型、牲畜结构、预防意识、饲草料储备、灾害保险、承灾区适应能力等诸多要素。总体上，其风险是致灾因子危险性、承灾体暴露性和脆弱性、承灾区适应性综合作用的结果。基于此，冰湖溃决灾害风险管理则是指人们对潜在危险性冰湖溃决风险进行识别、估计及评价，并在此基础上，进行全过程风险预防、控制与防御，以最低成本实现最大安全保障的决策过程。冰湖溃决灾害风险管理与控制是一个连续而动态的过程，包括风险管理目标建立、风险分析、风险评估、风险处理、风险处理效果评价等步骤（图8-1）。冰湖溃决灾害风险管理与控制的目标，是选择或利用最经济和最有效的技术、方法及工程等综合性手段或措施，避免冰湖溃决灾害灾损的发生或使其风险降至最小，进而提高其承灾区的防灾减灾能力。

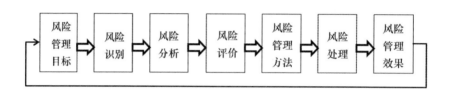

图 8 - 1　冰湖溃决灾害风险管理与控制流程

冰湖溃决灾害风险管理与控制流程如下：（1）确定风险管理目标。明确冰湖溃决灾害风险区域、风险管理框架，进而确定风险管理目标。（2）风险识别与分析。风险识别是风险管理的第一步，也是风险管理的基础工作。风险识别是指对尚未发生的、潜在的以及客观存在的、影响冰湖溃决风险的各种因素进行系统的、连续的辨识、归纳、推断和预测，并分析产生溃决事件原因的过程，其目的主要是鉴别冰湖溃决风险的来源、范围、特性及其不确定性，以及全面了解承灾区的诸类致损因素。风险分析是在风险识别基础上对可能出现的冰湖溃决灾害概率及其潜在后果的分析，其目的在于为风险评估与风险处理提供详细信息。（3）冰湖溃决灾害风险评价。冰湖溃决灾害风险评价是指在冰湖溃决灾害风险分析基础上，系统评估冰湖溃决灾害综合风险程度，根据区域经济发展水平确定的、可接受的风险标准进行比较，以确定该区域风险等级，其目的在于判断风险的严重程度，并对区域风险严重程度进行等级划分与风险区划，为风险处理提供参考依据。（4）风险处理。风险处理主要涉及风险管理与控制。根据风险评估结果，采取合适的风险管理方法，其方法包括风险预防、风险规避、风险转移及其风险承担，对区域冰湖溃决灾害风险进行处理。风险处理的主要任务就是根据以最低的代价获得最大的安全保障这一风险管理的总目标，从各种风险处理方案中优选最佳方案，或将各种风险处理方案有机结合起来，取长补短。冰湖溃决灾害风险处理步骤包括拟订风险处理方案（如监测、预防、准备、接受、转移、减轻、应对、控制等）、评定且选择风险处理最佳方案、实施风险处理计划。（5）风险管理绩效分析。以风险降至最小或可承受限度为原则，对冰湖溃决灾害风险处理结果进行评估，若未达到前期预定冰湖溃决灾害风险管理目标，则需对冰湖溃决灾害风险进行重新认定和处理。

第三节　风险管理与控制方法、技术

风险控制与管理是指在灾害发生前为全面地消除或减少灾损可能发生的各类因素，并竭力减少灾害发生概率而采取的处理风险的诸类具体措施，或统筹区域人口和经济社会活动来减少各种灾害风险隐患，其目的在于最大限度地降低灾害损失。这是冰湖溃决灾害风险管理中最积极、最主动的风险处理方法。冰湖溃决灾害属低频事件，其溃决预测较难。因此，预防、应对冰湖溃决灾害风险就显得非常重要。根据冰湖溃决灾害风险系统构成，冰湖溃决灾害风险管理将紧紧围绕危险性、暴露性、脆弱性和适应性风险四部分内容展开，其方法主要集中于风险预防、风险规避、风险承担与风险转移（如金融保护和大众投资）四个方面。这些风险管理方法可能单独使用，亦可同时使用。通过这些方法不仅能够降低冰湖溃决灾害的各种风险，同时还能提高应对尚存的冰湖溃决灾害动态风险的能力。

一　风险管理方法

冰湖溃决灾害防治的基本对策是预防，避让和治理均要付出极高的代价。过去主流强调灾害管理，但目前防灾减灾成为关注焦点和挑战。要打破传统救灾的思维模式，采取更加积极有效的措施，把被动应对冰湖溃决灾害变为主动防灾减灾，把更多资金投到防灾减灾的设施和管理体系建设上，以最大限度地减少冰湖溃决的灾害损失。这种主动积极的风险管理与控制有助于规避和减轻未来冰湖溃决的灾害灾损。风险管理与控制主要通过改变风险因素、改变风险因素所处环境及其改变风险因素和所处环境的相互作用来实现。具体风险管理与控制方法有以下四类。

（一）风险预防（Risk prevention）

风险预防，即在灾害来临之前或灾中、灾后对灾害风险进行的处理，其中，最有效的方式便是消除灾害风险源。当风险消除时间过长、价值过大或者不切实际时，减缓灾害风险便是第二优先选用的风险预防方式。风险预防的目的在于采取措施消除或者减少风险发生的诸类因素。冰湖溃决本身存在着诸多不确定性和复杂性，对于风险大小和性质尚不确知，目前技术水平无法彻底揭示其本质，对其未来的冰湖溃决可能性及其成灾的判断只能随着技术水平的逐步提高，在当前的形势背景下，风险预防将是最优选择。风险预防的重点是对潜在危险性冰碛湖风险源的消除、减少，加强对溃决洪水/泥石流演进区和承灾区诸类风险的防范。

（二）风险转移（Risk transfer）

风险控制属于"防患于未然"之方法，然而，冰湖溃决灾害风险难以精确预测，面对突发冰湖溃决灾害，仅靠风险控制无法满足承灾区居民生命及财产安全的最大限度保障，其潜在灾损在所难免，这就需要风险转移方法来处理。风险转移包括两种方式，一种实物型风险转移，即将承灾体（财产、活动等）转移出去（或转让、出售等）；另一种是财务型风险转移，即在冰湖溃决灾害发生之前对承灾体进行保险或政府设立灾害准备金，在冰湖溃决灾害发生后社区居民能够通过获得一定数额的救助资金以弥补冰湖溃决的灾害损失，为正常生产生活提供资金支持（何文炯，2005；刘新立，2006）。财务型转移包括保险型和非保险型风险转移，前者属于非政府行为，后者属于政府行为。保险型风险转移是指居民通过购买承灾体（牲畜、人员、房屋等）保险将冰湖溃决灾害风险转嫁于保险人的行为或方式。非保险型风险转移是指政府通过设立灾害准备金或应急基金，在冰湖溃决灾害发生后，以弥补牧民经济损失的行为或方式。值得注意的是，财务型风险转移方法转移的仅是风险，而非损失。

（三）风险规避（Risk aversion）

风险规避是通过计划的调整来避免风险源，或改变风险发生的条件，以达到不受自然灾害风险影响的一类风险治理的手段或措施（中华人民共和国国家质量监督检验检疫总局和中国国家标准化管理委员会，2011）。在自然灾害中，风险规避主要是使承灾体远离自然灾害发生高危区，以避免灾害发生时潜在灾损的产生。当自然灾害风险发生的可能性大、不利后果严重而又无其他防范措施时，就应该采取风险规避方法，以达到规避风险目的。风险规避能够在自然灾害风险事件发生前完全消除某一特定风险可能造成的灾损，是最彻底的风险防范方法。然而，除非重大自然灾害发生概率极大时，一般不宜采取此风险处理办法。其一：规避风险只有在对自然灾害损失的严重性完全认知的基础上才具有意义，但人们往往无法对自然灾害风险做正确判断。其二：风险规避是通过放弃某些计划或条件作为代价而消除可能由此产生的风险和灾损，但放弃也意味着丧失相应的收益（吴绍洪等，2011）。另外，因为居民往往高度依赖于区域资源环境，在长期的生存、生活、生产过程中，逐步形成了一种特有的文化结构，其风险规避必将波及原有的生活环境和文化结构。

（四）风险承担（Risk retention）

风险承担，亦称风险自留（Risk Self - retention），即在灾害风险发生时，接受来自风险的灾损，其前提：一是灾害发生概率极小而被忽视，或发生概率大，但灾损小；二是风险规避代价远大于风险承担代价；三是面对巨灾时的无奈，如地震、洪灾等。风险承担可以是有计划的，也可以是无计划的；可以是被动的，也可以是主动的；可以是无意识的，也可以是有意识的。对于小风险自然灾害，风险承担是一个可行的策略。如果对其风险的投保费用要远远大于风险发生时的灾损（即潜在灾损远大于投保费用），或用以消除该类风险的费用要远大于不采取任何措施所造成的灾损时，不可避免或无法转移的所有风险将在默认情况下被保留。

当某种大的灾损可能性较小或投保覆盖率较大造成巨大费用，且阻碍许多目标的实现时；或区域防灾减灾能力极为有限；或其他限制原因不能控制或降低风险时，且无其他替代方案时，风险承担也是可以接受的。风险承担与其他风险处理方法的根本区别在于：它不改变自然灾害风险的客观性质，既不改变自然灾害风险的发生概率，也不改变自然灾害风险潜在损失的严重性。

二 风险控制技术

工程措施和非工程措施的结合是处理冰湖溃决灾害风险的主要技术与方法。工程性措施是任何用于减轻或避免可能的致灾因子影响的物态性建设，或者是工程技术的应用，以便在工程或系统中获得对致灾因子的抵抗力和抗御力。非工程性措施是任何不涉及物态性建设的措施，而是运用知识、方法或协议来减轻风险及其影响，特别是运用政策、法律、公众意识的提高、培训和教育。工程措施可以将风险最大限度消除，而非工程措施只能减轻或减缓风险。因此，需要将工程措施与法律、行政、经济、技术、教育等非工程措施结合起来，以提高防洪安全保障水平。目前，冰湖溃决灾害风险管理与控制中已逐渐广泛应用的新兴技术包括：现代通信技术、气象预报技术、水情预报技术、信息管理技术、遥感检测技术、筑坝技术、堤坝防渗技术等（图8-1），这些技术在防灾减灾措施中已显现出巨大作用。

表8-1　　　　　　　　　　　**风险管理与控制技术及内容**

风险管理技术	技术内容	作用
现代通信技术	光缆通信、微波通信、卫星通信、移动通信、计算机网络通信	快速掌握雨情、水情、险情、灾情信息，传达与反馈防汛抢险信息
雨情监测预报技术	雷达测雨、卫星云图、全球气候气象数值模拟技术	中长期降水预测
水情预报技术	流域产汇流模型、水文学预报模型、水力学预报模型、人工神经网络预报模型	降雨预报的预见期逐渐加长，精度不断提高
信息管理技术	地理信息系统、卫星定位系统、数据库、互联网与多媒体	对灾情进行快速的评估
遥感探测技术	卫星遥感、机载遥感影像、声呐技术	遥感影像解译、库容探测
水利工程技术	碾压混凝土筑坝技术、面板堆石坝技术和无纺布渗土石坝施工等技术；堤防防渗加固、隐患探测的新技术；开挖分洪区、泄洪区技术	修建高山水库和电站，趋利避害，发展水利产业

第四节　典型冰湖溃决灾害风险管理与控制案例

一　研究区

南美洲科迪勒拉山系布兰卡山（Cordillera Blanca）（9°10′S；77°35′W）是秘鲁最高山，山脉分布有世界上许多赤道热带冰川。布兰卡山脉包含有超过 33 个海拔 5500 m 以上的山峰和 722 条山地冰川，山脉宽度约 21 km、长度约 200 km。布兰卡山脉最高峰瓦斯卡兰峰（Huascarán，海拔 6768m）。布兰卡山脉完全位于秘鲁安卡什省（Ancash），并与圣河峡谷（Santa River Valley）在西部平行延伸。其中，瓦斯卡兰国家公园成立于 1975 年，几乎涵盖了整个布兰卡山脉（图 8-2）。

这个区域深受气候变化影响，进而促使冰川加速消融。气候变化对冰川的第二大影响是对该区域水资源的压力和冰湖溃决洪水对下游民众及财产构成的风险。秘鲁科迪勒拉布兰卡山区是世界上冰湖溃决灾害重灾区和频发区，在过去的 65 年里，至少 21 次冰湖溃决灾害发生在该区域，造成了近 3 万人罹难，其冰湖溃决灾害已影响至下游卡拉斯、永盖、卡瓦兹和瓦拉斯镇在内的多处城镇（图 8-2），且造成了巨大人员伤亡和基础设施破坏（Carey，2005、2008）。

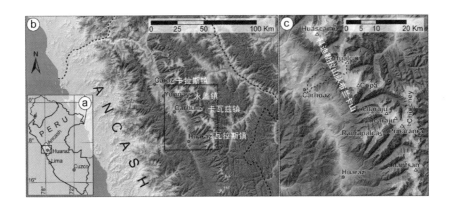

图 8-2　世界上主要冰湖溃决灾害点空间分布（Carey，2008）

（a 为秘鲁及安卡什省区位，b 为安卡什省重要城镇空间分布，c 为雪山及主要山峰分布）

二 典型冰湖编目

正在衰退的冰川已导致布兰卡山冰川的减薄和破碎，以及冰碛湖的形成。冰湖编目显示：秘鲁科迪勒拉布兰卡山区冰湖数量已从 1953 年的 223 处，增加到了 1997 年的 374 处。进入 21 世纪冰湖数量已达 830 个，其中，514 个冰湖流入太平洋流域，514 个冰湖面积均超过了 0.005km^2，体积介于 $10 \times 10^4 \mathrm{m}^3$—$10 \times 10^6 \mathrm{m}^3$（Glaciology Unit, 2009），这些冰湖中的 5 个已发生溃决洪水/泥石流灾害，且已造成巨大灾损。为此，秘鲁政府对该区域 35 处潜在危险性冰湖全部实施了安全措施的安装和布置（表 8 - 2）。

表 8 - 2　　　　　　秘鲁科迪勒拉布兰卡山区 35 个典型冰湖编目

湖名	纬度	经度	海拔	面积	体积	湖深	测深时间（年）
	(°)	(°)	m	m^2	m^3	m	
Safuna Alta	-8.8390135	-77.619917	4360	334359	15524434	84	2010
Pucacocha	-8.8564398	-77.632105	4494	277201	8463000	79	2006
Llullacocha	-8.8556823	-77.642139					
Cullicocha	-8.8648486	-77.759092					
Yuraccocha	-8.8842925	-77.735752	4618	287269	8177746	55	2011
Taullicocha	-8.9057257	-77.587823	4426	133766	2448918	64	2007
Jatun Cocha	-8.929594	-77.663923	3886	486551	9233206	34	2007
Arhuaycocha	-8.8865196	-77.627141	4400	398824	19550795	98	2011
Paron	-8.99985	-77.68464	4174	1480489	39888953	43	2007
Huandoy	-9.0125027	-77.678062	4740	7718	16722	5	2007
Llanganuco Alta	-9.0654701	-77.085603	3833	684199	2018264	10	2007
Llanganuco Baja	-9.0738955	-77.64889	3820	579950	11747150	29	2007
Lag. 69	-9.012066	-77.609364	4604	97800	2763009	58	2009
Artesa	-9.1140182	-77.516023	4286	22797	124743	12	2005
Huallcacocha	-9.1609571	-77.547971	4355	163067	4664724	76	2005
Cochca	-9.2163655	-77.543311	4538	69205	1001230	27	2007

湖名	纬度	经度	海拔	面积	体积	湖深	测深时间（年）
	（°）	（°）	m	m^2	m^3	m	
Rajupaquinan	-9.2232643	-77.55422	4150	35438	462407	27	2007
Laguna 513	-9.2135951	-77.551704	4431	207585	9250938	83	2011
Lejiacocha	-9.2701218	-77.507693	4618	183907	1356126	20	2005
Paccharuri	-9.2859621	-77.451858	4462	278053	7134636	50	2005
Pucaranracocha	-9.3339847	-77.344726	4390	234622	4398308	46	2007
Akillpo	-9.3390165	-77.421857	4704	412463	3896312	32	2004
Pacliash Cocha	-9.3365171	-77.364907	4564	218679	2451103	26	2010
Ishinca	-9.3870721	-77.418522	4960	87902	785872	25	2004
Pacliash	-9.3712415	-77.410186	4577	188873	3985344	42	2011
Mullaca	-9.4332222	-77.477391	4596	110695	2043738	38	2006
Llaca	-9.4370732	-77.444918	4474	43988	274305	17	2004
Palcacocha	-9.3981806	-77.381023	4562	518426	17325207	73	2009
Cuchillacocha	-9.4106814	-77.353796	4620	145732	2138936	27	2005
Tullparraju	-9.4215155	-77.343248	4283	463757	12474812	64	2011
Cayesh	-9.459846	-77.332129					
Shallap	-9.4929029	-77.356858	4260	165251	3467585	37	2004
Rajucolta	-9.5233981	-77.343083	4273	512723	17546151	73	2004
Yanaraju	-9.1333716	-77.483678	4142	229707	7642096	61	2005
Allicocha	-9.2461804	-77.455903	4543	357518	5698019	33	2006

三　冰湖溃决灾害风险防控措施

当冰川融化时，冰崩、雪崩体将进入湖中，产生的涌浪快速侵蚀冰碛坝，进而触发溃决洪水和泥石流。事实上，在过去的150年里，这一区域至少发生了24次冰湖溃决灾害，加上至少6次的由不稳定冰川导致的雪/冰崩灾害。早在20世纪80年代，南美洲秘鲁科迪勒拉山区产生巨大冰湖溃决灾害损失并对下游城镇及文化遗产的破坏，同时，严重波及下游经济社会系统。特别是 1941 年布兰卡山帕尔卡（Palcacocha）冰湖发生溃决，其洪水泥石流灾害致 5000 人罹难，使下游瓦拉斯镇（Huaraz）遭到了彻底毁坏。1945 年，秘鲁布兰卡山区一处冰湖溃决泥石流则造成 500 人罹难，摧毁了查文德万塔尔遗址古代遗迹和村镇。1962 年，内瓦多瓦斯卡兰山（Nevado Huascarán）一处冰湖溃决灾害导致秘鲁中部城市万卡约（Huancayo）1000 人死亡。1970 年 5 月 31 日，秘鲁最大的渔港钦博特市发生 7.6 级地震，地震引爆瓦斯卡拉山雪崩、冰崩、岩崩，并引发冰湖溃决，此次溃决泥石流灾害造成 18000 人死亡，且使永盖市（Yungay）夷为平地，造成历史上最致命的一次冰湖溃决泥石流灾害（Patzelt，1983）。自 1941 年以来，这一区域冰湖溃决至少造成近 3 万人丧生（Zapata Luyo，2002）。近期最为典型的一次冰湖溃决灾害发生在 2010 年 4 月编号为 513 的一处冰湖溃决，此次溃决灾害导致 6 人失踪、50 多座房屋被摧毁，还有一座向 6 万居民提供饮用水的水厂也被淹没。

　　长期而频发的冰湖溃决灾害给秘鲁人民造成巨大的伤亡与损失，已迫使秘鲁人民形成了健全的冰湖溃决灾害风险管理与控制体系。秘鲁政府真正的冰湖灾害防治工作起始于 1941 年帕尔卡（Palcacocha）冰湖溃决灾害发生之后的 1942 年。1951 年，秘鲁政府成立了科迪勒拉布兰卡山湖泊控制委员会，即现在的冰川与水文资源局（Glaciology and Hydrological Resources Unit），其中，冰川办公室对该区域 35 个潜在危险性冰湖执行了工程安全措施，以降低溃决风险。在冰湖溃决之前，通过排水和控制冰湖水位，工程师们可能阻止了多处冰湖溃决灾害的发生（Cochácchin，2013）。据信，这些工程措施挽救了 1959 年和 2003 年的瓦拉斯（Huaraz）、1970 年的瓦扬卡（Huallanca）、1991 年和 2010 年的卡瓦兹（Carhuaz）（USAID，2014）。鉴于其重大的冰湖溃决灾害灾情，秘鲁人民通过不同的工程措施，对其区域多处冰碛湖坝体进行了加固，并对其库容进行了泄洪，其效果极为明显。具体安全措施包括以下四个方面：（1）加固含有死冰的冰碛坝，以遏制或承受由雪崩/冰崩/滑坡体引起的较高涌浪对松散坝体的冲击；（2）通过开挖或修筑泄洪渠进行降低冰湖水位；（3）通过开凿泄洪洞进行降低冰湖水位；（4）利用多条虹吸管进行湖水位的降低和泄洪，使冰湖保持在一定理想的水位（图 8 - 3）。

图 8 - 3　冰湖溃决灾害防治工程措施

第五节　风险管理与控制具体措施

冰湖溃决是气候变化和地震活动等外因素引发的一种自然灾害,其溃决泥石流具有突发性强、洪峰高、流量大、破坏力大和灾害持续时间短但波及范围广等特点,常造成巨大的财产损失和人员伤亡。鉴于冰湖海拔分布较高、地势险峻、天气状况复杂,在冰湖附近进行排水泄洪等工程极为困难,仅靠工程措施和专业队伍的监测、排险极为困难。因此,亟须加强冰湖溃决灾害多目标、多方式的风险管理措施,以减少溃决灾害的发生概率、强度和灾损。具体风险管理措施如下。

一　定期监测冰湖动态,排查重点冰湖危险性

冰湖溃决灾害的监测、预警和预报是减少灾害灾损的关键,也是最有效的风险管理与控制方法。利用高分辨率遥感影像,查明研究区危险性冰

141

湖分布数量、位置、冰湖面积、湖堤稳定性、主沟纵坡降等参数。利用多时段卫星遥感图像、通信设备仪器，动态监测冰湖面积、水位、母冰川及其冰碛堤坝宽度变化、气象水文变化等，预测冰湖溃决泥石流发生概率，及早给出预警预报方案，提前确定和落实预警信号和撤离方式，一旦冰湖溃决形成泥石流，可以最大限度地减少下游承灾区灾损。目前，冰湖监测多为事后监测，缺乏冰湖溃决前的实时动态监控。鉴于此，在潜在危险性冰湖，理论上应架设自动气象站、冰湖实时监控装置，在下游还应架设雷达水位计等，实现上中下游数据的自动监测与收集。除气候突变之外，地震也是诱发冰湖溃决的又一重要因素之一。地震活动直接影响至冰湖母冰川末端危险冰体的稳定性，因此也要加强监测频率和范围。例如，2011 年 5 月至 2013 年 8 月，喜马拉雅山区共发生 9 次地震。

遥感影像和通信设备主要优势在于宏观层面冰湖面积的解译和动态视频传输，但它无法监测冰湖、母冰川及其坝体的具体特征、组成及其结构。因此，需要选择有造成灾害可能的危险性冰湖开展实地调研，进行详尽的危险性排查。调查要素包括冰雪补给范围及坡度、冰舌坡度、冰舌前端距冰湖距离、冰川裂隙发育情况、冰湖高程、面积、库容、两岸崩塌发育情况、背水坡坡度、冰碛坝顶宽度、受旁沟冲刷程度、主沟道长度、纵坡降、坝体宽度、结构、物质组成、水热组合、溢出方式、泄水口位置与变化、水位变化及发展趋势等。通过以上动态监测和野外考察，初步预测重点冰湖溃决泥石流发生概率，分析重点冰湖溃决泥石流灾害风险，及早给出预警预报方案，确定是否采取避让或相应的工程措施，最大限度地规避或减少下游承灾区灾损的发生。

二 采取合理工程措施，有效地控制冰湖险情

合理的工程措施是有效解除或控制冰湖溃决灾害险情的最有效或最直接的方式。工程措施主要依赖于坝体状况、溃决风险、危害风险、工程难度等方面，其具体措施包括三个方面：（1）减少冰湖库容；（2）建设排水系统；（3）加固冰碛坝。对于坝体相对稳定、短时间内不会产生溃决的冰碛湖，但对下游危害较大的冰湖，主要是利用泵站抽水，设置虹吸装置等措施降低或控制湖水位，该方式泄洪措施安全稳定，泄洪流量可控，因此对下游影响较小（解家毕等，2012）。

对于坝体稳定性较差、短期内坝体存在溃决风险、对下游危害较小的危险性冰碛湖，可采用人工开挖或爆破形式修建泄洪明渠，利用泄洪水力逐步冲蚀坝体，拓宽泄流渠，实现降低水位、减小库容的目的。这种方法可满足快速除险要求，但形成的洪峰流量较难控制，对下游可能会产生较大次生灾害。

对于坝体稳定性较差、中长期内坝体存在溃决风险、对下游危害极大的危险性冰碛湖，必须采取工程措施加以重点防治，其最有效的方式是加固坝体和修建引水、排水通道。一方面，使用钢筋石笼或浆砌块石防护坝顶鞍部和泄流槽，并加大坝顶和坝体宽度，防止溃口处的冲刷下切过程。另一方面，修建明渠、暗渠、涵洞（隧道）等排水通道，加固，用以防止涌浪漫顶、冲刷和减小冰湖库容。

另外，还需根据冰湖下游沟道纵坡降和松散碎屑物质丰富程度，在沟道坡度较缓的地方修建拦水坝，在下游居民点、公路、农田等地修建防洪堤和泥石流导流槽（堤），并在沟道两岸加大封山育林和植树造林力度，稳定或减少岸坡松散土体物质，用以减缓溃决洪水/泥石流演进过程，尽量使潜在灾损降低至最低。该方法成本较大，洪峰流量可以控制，对下游危害较小。对于坝体稳定性较差、短期内坝体存在溃决风险、对下游承灾区危害极大、工程措施施工难度较大且投资相对过大的冰湖，建议实行承灾区居民搬迁措施，以规避冰湖溃决灾害风险。

三　实施多方参与机制，提升防灾减灾综合能力

冰湖溃决灾害防灾减灾涉及国土资源、水利、气象、民政、财政、统计等政府部门及其当地社区等多个利益相关者，有时还涉及科研部门、新闻媒体、交通、通信、保险、企业、非政府组织等单位或个人。可以说，冰湖溃决灾害的防灾减灾工作是一个多方（部门）联动、会商、参与、协作的系统工程，单靠某一部门或个人，其防范和适应能力极为有限。多方参与主要解决两个问题，其一是灾害基金问题，其二是数据与信息共享问题。灾害基金主要是为预防和恢复灾害带来的损失而建立的基金。多方参与灾害基金的筹集和融资，主要用于因冰湖溃决自然因素引发的洪水/泥石

流灾害防灾减灾工作。具体费用包括冰湖溃坝、岸坡崩塌、滑坡、泥石流等灾害链的预防，以及用于灾前预警预报体系建设、灾中应急管理及灾后恢复重建等多个环节的费用。为提升山区冰湖溃决灾害防灾减灾的综合适应能力，亟须各级政府、专家、企业、非政府组织、社区居民等多方参与其防灾减灾，进而形成信息共享、资源共享、分工协作的多方（部门）联动的防灾减灾机制。其中，数据及信息共享需要水利、气象、国土资源、统计、民政部门提供相关冰湖水量变化、气候背景、沟道状况、沟道下游承灾体分布、历史灾情等数据和资料，并做到多方数据资料的共享与利用。特别地，在冰湖溃决过程中，还需新闻媒体部门参与冰湖溃决灾害风险管理与控制全过程。政府部门需要及时与新闻媒体沟通，及时向承灾区传达冰湖溃决状况、灾情、应急处置进展及其避险措施等相关信息，以保障社区居民的知情权和监督权。灾中，需要政府部门启动应急响应预案，制定应对策略和措施，组织开展现场应急处置工作，并向上级政府和有关部门报告冰湖溃决灾害风险处置进展。

四　落实社区风险管理机制，完善社区群测群防体系

研究区经济发展缓慢，社区应对自然灾害能力相当有限，在灾害面前山区居民适应能力极为有限。社区风险管理包括社区全过程参与管理及社区的防灾减灾、应急处理的宣教与培训。许多案例表明：公众参与程度不仅直接影响灾损大小，而且严重影响到灾后的社会稳定和重建进程。减少灾害风险切实有效的措施是人们自发地参与和以适当低成本减灾（翟国方，2010；Anderson et al.，2011；陈容、崔鹏，2013）。冰湖溃决早期预警系统及其防灾减灾工程措施的实施，同样需要当地社区的全过程参与式风险管理。社区的广泛参与有助于政府灾害管理行动实施，也有助于社区对冰湖溃决灾害管理措施达成共识，促进风险管理工作的顺利开展，同时也扩大了灾害风险管理的覆盖面。目前，冰湖溃决灾害潜在风险区居民未真正参与其灾害风险管理的全过程，如风险评估、应急预案编制等活动很少吸收当地社区居民参与，社区民居参与群测群防、疏散演练活动很少且积极性不高，减灾责任感较弱。同时，对社区居民的宣教和培训力度较小，社区居民对冰湖溃决危害程度了解较少。社区防灾减灾是区域减轻灾害风险、

降低灾害损失的根本，采用以社区为基础的减灾方法逐步得到国际社会的认可（Bajet et al.，2008；Chen and Wu，2010）。截至 2011 年年底，共有 2843 个社区入选"全国综合减灾示范社区"名录。然而，喜马拉雅山区 20 县却无一进入（周洪建和张卫星，2013）。研究区各县财政收入较低，防灾减灾投入极为薄弱。部分政府和社区公众对冰湖溃决灾害风险存在侥幸心理，往往忽视社区防灾减灾宣教、培训、灾害应急处理等风险管理体系建设，公众的灾害防范意识普遍薄弱。群测群防是指发动社区群众参与灾害的监测、预防、预报工作的一种途径，是中国当前山地灾害社区风险管理的"雏型"（刘传正等，2006）。冰湖溃决灾害特点决定了村级社区是防御的前沿和主体，如何发挥社区群众力量是防御冰湖溃决灾害的关键。社区群测群防体系的重点是强化群众监测预报工作。对每一处冰湖溃决灾害的隐患点，均要落实专人进行监测，签订监测责任书。同时，制定每个隐患点的具体防灾预案，监测中一旦发现险情，及时启动防灾预案。特别是在 7—9 月，社区需要安排专人实行全天候值班制度和巡查制度，确保信息畅通，及时掌握灾害（隐患）点动态情况。鉴于此，必须要加强冰湖溃决潜在危险区居民的全过程参与式管理及其社区的防灾减灾、应急处理的宣教与培训工作。同时，还须强化社区群测群防体系的建设水平。

五　落实灾害评估规划，强化冰湖溃决灾害防范能力

冰湖溃决灾害承灾区多处于河谷低洼地带，这一区域往往是居民点、农田、交通通信网络、水利电力工程、城镇村落的集聚区域，也是冰湖溃决灾害潜在风险区。早在 1935 年，法国便启动了《淹没土地规划法》。该法规定，在洪水易发区进行建设需要特别授权。1955 年，颁布《城市发展法》，该法规定在自然灾害易发区禁止开发活动或对其加以特别限制。鉴于冰湖溃决的低频特征，我国对其风险评估工作基本处于空白状态，因此，非常有必要对冰湖溃决灾害高危区进行灾害评估规划工作。冰湖溃决灾害评估规划一般由两部分组成：一是风险预防规划报告，说明规划区的自然背景条件、自然灾害的危险程度、风险预防目标以及规划的法律措施等。二是用地规划，明确禁止开发区和可以进行建筑物建造及工程活动区域，并对相关规章制度进行详细说明。

灾评规划的基础是去模拟潜在危险性冰湖溃决过程，预估溃决洪水/泥石流洪峰流量、最大演进距离、最大淹没面积等，系统评估下游受危害点分布情况，进而确定冰湖溃决灾害风险评估等级及其风险范围。对已有居民点、基础设施等暴露要素，要加大其整改、维修和升级力度，强化沿河岸坡、沿河低洼路段路基防护工程，以减小或规避冰湖溃决对其工程的危害。对于受危害极为严重区，要实行强行搬迁措施，并做好搬迁后的居民居住、生产、生活、就业、求学、养老等后续安置工作。同时，要修筑用于冰湖溃决灾害的应急防治便道，以保障灾中应急救援和灾后救助时交通网路的通畅。对在建和拟建居民点、公路、铁路、机场、通讯、城建、民建、工业建筑、水利、电力等工程项目，要根据灾害风险评估结果，要科学合理地进行选址，提高居民点、路基、路面、桥梁、涵洞等基础设施建设高程和抗灾标准，以减小或规避来自冰湖溃决的危害。另一方面，灾评规划还需要统筹区域规划、旅游规划、土地利用规划、城镇规划与环评规划，使各类规划内容相互借鉴、相互渗透、有机融合乃至相互支撑，使各项规划尽可能避免和规避冰湖溃决灾害及其他气象、地质灾害对其的潜在危害，并根据承灾区环境条件、灾害特点及其形成机理，进而提出适宜的防灾减灾措施与建议。

研究区冰湖溃决灾害受地形地貌、地层岩性和构造条件、水热条件（气温、冰雪融水、降水）等因素控制，由于相互组合关系的差异，其危险性分布特征各异。冰湖溃决频率较低，预兆不明显，往往不易引起人们重视。目前，研究区还未有实质性的风险防范和管理意识和措施。因此，需要对不同地域海拔危险性冰湖采取因地制宜、分期防范的风险管理办法。对于工程防治费用高、工程技术难度大的潜在危险性冰湖要采取搬迁避让措施。对于社区居民、重大工程危害程度大的危险性冰湖必须采取工程措施加以治理，对于下游承灾区危害较小或极小的危险性冰湖，要以社区风险管理、群测群防体系建立为主。总体上，喜马拉雅山区冰湖溃决灾害防灾减灾要根据潜在危险性冰湖的危害程度、承灾体重要性，突出重点、分轻重缓急分期分批实施治理，逐步减轻灾损，控制冰湖溃决灾害的发生概率。另外，在进行山区村镇规划、基础设施建设、重大建设工程决策时，必须完成修建前的灾评和水保规划，应尽量避开潜在危险性冰湖，以避免冰湖溃决灾害对承灾区居民人身、财产安全及其基础设施等造成不必要的危害。

六　因势利导、趋利避害，高效利用冰湖水利水电资源

冰湖作为高山区水源和溃决洪水/泥石流风险源具有鲜明的两面性，因此也决定了在未来的适应性管理过程中需要利用趋利避害的原则去加强灾害风险防御和管理。作为大江大河的发源地，冰湖具有明显而巨大的水资源供给、水力发电和游憩功能。利用冰湖巨大的高差及势能，修建水库、灌溉水利和水电设施，或将冰湖开发成为风景优美的水利旅游胜地，其目的在于通过冰湖资源开发，惠及下游农牧经济，通过资金积累，加强对堤坝的加固，以防止堤坝渗漏、管涌和塌陷，最终促进冰湖的防灾减灾进程。面对不同类型冰湖、不同地区冰湖、不同海拔梯度冰湖，水利水电、灾害管理、旅游部门协同科研机构一起明晰区域冰湖溃决机理及其规律，辨识潜在危险性冰湖，系统评估较稳定冰湖的水利水电和旅游开发潜力，客观分析冰湖开发弊利，决不能以牺牲下游经济社会系统安全为代价。例如，喜马拉雅山中段康马县涅如堆乡利用钟勒错冰湖下游的有利地形条件，采用在其下游修水库进行蓄洪的方法，既起了防洪的作用，又给当地居民的农田灌溉及供水带来便利，为今后冰湖溃决灾害防灾减灾提供了一新思路。当然，这种方法需要一定地形和坝体结构，否则修建水库和水电站成本过高，这种方案具有一定局限性，故其它地区可否采用这种方法则要根据实际情况而定。

研究区冰湖溃决灾害受地形地貌、地层岩性和构造条件、水热条件（气温、冰雪融水、降水）等因素控制，由于相互组合关系的差异，其危险性分布特征各异。冰湖溃决频率较低，预兆不明显，往往不易引起人们重视。目前，研究区还未有实质性的风险防范和管理意识和措施。因此，需要对不同地域海拔危险性冰湖采取因地制宜、分期防范的风险管理办法。总体上，中国冰湖溃决灾害防灾减灾要根据潜在危险性冰湖的危害程度、承灾体重要性，突出重点，分轻重缓急分期分批实施治理，逐步减轻灾损，控制冰湖溃决灾害的发生概率。另外，在进行山区村镇规划、基础设施建设、重大建设工程决策时，必须完成修建前的灾评和水保规划，应尽量避开潜在危险性冰湖，以避免冰湖溃决灾害对承灾区居民人身、财产安全及其基础设施等造成不必要的危害。

主要参考文献

[1] Adams J. , *Risk*, London: University College London Press, 1995: 228.

[2] ADRC, *Total Disaster Risk Management: Good Practice* 2005, Kobe, Japan: Asian Disaster Reduction Center, 2005.

[3] Alean J. , "Ice Avalanches and a Landslide on Grosser Aletschgletsche", *Zeitschrift für Gletscherkunde und Glazialgeologie*, 1985, 20: 9 – 25.

[4] Anderson M. G. , Holcombe E. A. , Blake J. et al. , "Reducing Landslide Risk in Communities: Evidence from the Eastern Caribbean", *Applied Geography*, 2011, (31): 590 – 599.

[5] Ashraf A. , Naz R. and Roohi R. , "Glacial Lake Outburst Flood Hazards in Hindukush, Karakoram and Himalayan Ranges of Pakistan: Implications and Risk Analysis ", *Geomat. Natur. Hazards Risk*, 2012, 3 (2), 113 – 132.

[6] Awal R. , Nakagawa H. , Fujita M. , et al. , "Experimental Study on Glacial Lake Outburst Floods due to Waves Overtopping and Erosion of Moraine Dam ", *Annuals of Disas*, Prev. Inst. , Kyoto Univ. 2010, 53: 583 – 590.

[7] Bajet R. , Matsuda Y. , Okada N. , "Japan's Jishu – bosai – soshiki commu – nity Activities: Analysis of its Role in Participatory Community Disaster Risk Management", *Nat Hazards*, 2008, (44) : 281 – 292.

[8] Bajracharya B. , Shrestha A. B. , Rajbhandari L. , "Glacial Lake Outburst Floods in the Sagarmatha: Hazard Assessment using GIS and Hydrodynamic Modelling", *Mt. Res. Dev.* , 2007b, 27 (4): 337 – 338.

[9] Bajracharya S. R. , Mool P. K. , "Glaciers, Glacial Lakes and Glacial Lake Outburst Floods in the Mount Everest Region, Nepal", *Ann Glaciol*, 2009, 50

（53）：81 – 84.

[10] Bajracharya S. R. , Mool P. K. , Shrestha B. , *Impact of Climate Change on Himalayan Glaciers and Glacial Lakes：Case Studies on GLOF and Associated Hazards in Nepal and Bhutan*, Kathmandu, International Centre for Integrated Mountain Development and United Nations Environment Programme Regional Office, Asia and the Pacific Publication, 2007a.

[11] Baker V. R. , Pickup G. , "Flood Geomorphology of the Katherine Gorge, Northern Territory, Australia", *Geological Society of America Bulletin*, 1987, 98：635 – 646.

[12] Balassanian S. Y. , Melkoumian M. G. , Arakelyan A. R. et al. , "Seismic Risk Assessment for the Territory of Armenia and Strategy of its Mitigation", *Natural Hazards*, 1999, 20（1）：43 – 55.

[13] Bayraktarli Y. Y. , Ulfkjaer J. , Yazgan U. et al. , "On the Application of Bayesian Probabilistic Networks for Earthquake Risk Management", Proceedings of the 9th International Conference on Structural Safety and Reliability. Edited by Augusti G. , Schuller G. I. , Ciampoli M. , Millpress, Rotterdam, 2005, 3505 – 3512.

[14] Beget J. E. , "Comment on Outburst Floods from Glacial Lake Missoula", *Quaternary Research*, 1986, 25（1）：136 – 138.

[15] Begueria S. , Lorente A. , "Landslide Hazard Mapping by Multivariate Statistics：Comparison of Methods and Case Study in the Spanish Pyrenees", *DAM-OCLES Project Deliverables*, 2002.

[16] Bento G. , "Energy Expenditure and Geomorphic Work of the Cataclysmic Missoula Flooding in the Columbia River Gorge, USA", *Earth Surf. Processes Landforms*, 1997, 22：457 – 472.

[17] Bisht M. P. S. , Mehta M. and Nautiyal S. K. , "Impact of Depleting Glaciers on the Himalayan Biosphere Reserve – a Case Study of Nanda Devi Biosphere Reserve, Uttarakhand Himalaya", In：*Mountain Resource Management：Application of Remote Sensing and GIS* (ed. by M. P. S. Bisht and D. Pal), 2011：17 – 31. Transmedia Publication, Srinagar, Uttarakhand.

［18］ Blown I. , Church M. , "Catastrophic Lake Drainage within the Hoathko River Basin, British Columbia", *Canadian Geotechnical Journal*, 1985, 22: 551 – 563.

［19］ Bohumir Jansky, Miroslav Sobr, Zbynek Engel, "Outburst Flood Hazard: Case Studies from the Tien – Shan Mountains, Kyrgyzstan", *Limnologica*, 2010, 40: 358 – 364.

［20］ Bolch T. , Buchroithner M. F. , Peters J. , Baessler M. , Bajracharya S. , "Identification of Glacier Motion and Potentially Dangerous Glacial Lakes in the Mt. Everest region/Nepal Using Spaceborne Imagery", *Nat Hazards Earth Syst Sci.* , 2008, 8: 1329 – 1340.

［21］ Bolch T. , Kulkarni A. , Kääb A. , et al. , "The State and Fate of Himalayan Glaciers", *Science*, 2012, 336: 310.

［22］ Brunner G. W. , *HEC – RAS*, *River Analysis System Hydraulic Reference Manual*, U. S. Army Corps of Engineers Hydrologic Engineering Center, CPD – 69, Version 3. 1, 2002, 350.

［23］ Burbank D. W. , Bookhagen B. , Gabet E. J. , Putkonen J. , "Modern Climate and Erosion in the Himalaya", *Comptes Rendus Geoscience*, 2012, 344, 11 – 12.

［24］ Cardona O. D. , *Indicators for Disaster Risk Management – First Expert Meeting on Disaster Risk Conceptualization and Indicator Modelling*, *Manizales*, Colombia: Inter – American Developent Bank, 2003.

［25］ Cardona O. D, Hurtado J. E. , Chardon A. C. et al. , *Indicators of Disaster Risk and Risk Management Summary Report for WCDR*, Program for Latin America and the Caribbean IADB UNC/IDEA, 2005: 1 – 47.

［26］ Carey M. , Huggel C. , Bury J. , et al. , "An Integrated Socio – environmental Framework for Climate Change Adaptation and Glacier Hazard Management: Lessons from Lake 513, Cordillera Blanca, Peru", *Climatic Change*, 2012, 112: 733 – 767.

［27］ Carey M. , "Disasters, Development, and Glacial Lake Control in Twentieth-century Peru", In: Wiegandt E. (Ed.), *Mountains: Sources of Water*,

Sources of Knowledge, *Advances in Global Change Research*, Springer, Netherlands, 2008: 181 – 196.

［28］Carey M., *In the Shadow of Melting Glaciers: Climate Change and Andean Society*, New York: Oxford University Press, 2010.

［29］Carey M., "Living and Dying with Glaciers: People's Historical Vulnerability to Avalanches and Outburst floods Global and Planetary Change in Peru", *Global and Planetary Change*, 2005, 47: 122 – 134.

［30］Carrivick J., "Application of 2D Hydrodynamic Modelling to High – magnitude Outburst Floods: an Example from Kverkfjöll, Iceland", *Journal of Hydrology*, 2006, 321 187 – 199.

［31］Catani F., Casagli N., Ermini L. et al., "Landslide Hazard and Risk Mapping at Catchment Scale in the Arno River basin", *Landslides*, 2005, 2 (4): 329 – 342.

［32］Chen C., Wang T., Zhang Z., et al., "Glacial Lake Outburst Floods in Upper Nainchu River Basin, Tibet", *Journal of Cold Regions Engineering*, 1999, 13, 199 – 212.

［33］Chen Suchin, Wu Chunyi, Huang Botsung, "The Efficiency of a Risk Reduction Program for Debris – Flow Disasters – A Case Study of the Songhe Community in Taiwan", *Natural Hazards and Earth System Sciences*, 2010, 10 (7): 1591 – 1603.

［34］Chen X. Q., Cui P., Li Y., et al., "Changes in Glacial Lakes and Glaciers of Post – 1986 in the Poiqu River Basin, Nyalam, Xizang (Tibet)", *Geomorphology*, 2007, 88: 298 – 311.

［35］Chen Y. N., Xu C. C., Chen Y. P., et al., "Response of Glacial – lake Outburst Floods to Climate Change in the Yarkant River Basin on Northern Slope of Karakoram Mountains, China", *Quaternary International*, 2010, 226: 75 – 81.

［36］Chow V. T, *Open – channel Hydraulics*, New York: McGraw – Hill Book Co, 1959.

［37］Clague J. J., Evans S. G., Blown I. G., "A debris Flow Triggered by the

Breaching of a Moraine Dammed Lake, Klattasine Creek, British Columbia", *Can J Earth Sci.* , 1985, 22: 1492 – 1502.

[38] Clague J. J. , Mathews W. H. , "The Magnitude of Jökulhlaups", *J. Glaciol.* , 1973, 12: 501 – 504

[39] Clague J. J. , Evans S. G. , "Formation and Failure of Natural Dams in the Canadian Cordillera", *Bulletin of the Geological Survey of Canada*, 1994, 464: 35.

[40] Clague J. J. , Evans S. , "A Review of Catastrophic Drainage of Moraine – dammed Lakes in British Columbia", *Quat. Sci. Rev.* , 2000, 19: 1763 – 1783

[41] Clarke G. K. C. , "Glacier outburst flood from 'Hazard Lake', Yukon Territory, and the Problem of Flood Magnitude Prediction", *Journal of Glaciology*, 1982, 28 (98): 3 – 21.

[42] Clarke G. K. C. , Mathews W. H. , Pack R. T. , "Outburst Floods from Glacial Lake Missoul", *Quaternary Research*, 1984, 22: 289 – 299.

[43] Cochachin A. , "Glaciological and Hydrological Resources Unit: Evolution of 10 Glacial Lakes in the Cordillera Blanca and the Relationship to Climate Change over the Past Four Decades", Presentation to High Mountains Adaptation Partnership Workshop, 13 July 2013, Huaraz, Peru. http: //highmountains. org/workshop/peru – 2013.

[44] Colin A. Whiteman. , *Cold Region Hazards and Risks*, John Wiley and Sons Publishing, 2011.

[45] Corominas J. , "The Angle of Reach as a Mobility Index for Small and Large Landslides", *Canadian Geotechnical Journal*, 1996, 33: 260 – 271.

[46] Costa J. E. , Evans S. G. , "Formation and Failure of Natural Dams in the Canadian Cordillera", *Geological Survey of Canada Bulletin*, 1994, 464: 1 – 35.

[47] Costa J. E. , Schuster R. L. , "The Formation and Failure of Natural Dams", *Geological Society of America Bulletin*, 1998, 100: 1054 – 1068.

[48] Crichton D. , "The risk triangle, in Ingleton", J. (ed.), *Natural Disaster Management*, London: Tudor Rose, 1999: 102 – 103.

［49］ Dai F. C. , Lee C. F. , "A Spatiotemporal Probabilistic Modeling of Storm – induced Shallow Landsliding Using Aerial Photographs and Logistic Regression", *Earth Surface Processes and Landforms*, 2003, 28: 527 – 545.

［50］ Daniel A. Cenderelli, Ellen E. Wohl. , "Peak Discharge Estimates of Glacial – lake Outburst Floods and 'Normal' Climatic Floods in the Mount Everest Region", Nepal, *Geomorphology*, 2001, 40: 57 – 90.

［51］ De La Cruz – Reyna S. , "Long – Term Probabilistic Analysis of Future Explosive Eruptions", in: Searpa R. and Tilling R. I. (eds), *Monitoring and Mitigation of Voleano Hazards*, New York: Springer – Verlag Berlin Heidelberg, 1996: 599 – 629.

［52］ Desloges J. R, Jones D. P. , Ricker K. E. , "Estimates of Peak Discharge from the Drainage of Ice – dammed Ape Lake, British Columbia, Canada", *Journal of Glaciology*, 1989, 35: 349 – 354.

［53］ Deyle R. E. , French S. P. , Olshansky R. B. , Hazard Assessment the Factual Basis for Planning and Mitigation. In: Burby R. J. , *Cooperation with Nature: Confronting Natural Hazards with Land Use Planning for Sustainable Communities*, Washington D. C. : Joseph Henry Press, 1998: 116 – 119.

［54］ Dilley M. , Chen R. S. , Deichmann U. et al. , *Natural Disaster Hotspots: A Global Risk Analysis*, Washington D. C. : Hazard Management Unit, World Bank, 2005: 1 – 132.

［55］ Ding Y. J. , Liu J. S. , "Glacial Lake Outburst Flood Disasters in China", *Annals of Glaciology*, 1999, 16: 180 – 184.

［56］ Duan K. Q. , Thompson L. G. , Yao T. D. , et al. , "A 1000 Year History of Atmospheric Sulfate Concentrations in Southern Asia as Recorded by a Himalayan Ice Core", *Geophys Res Lett.* , 2007, 34: L1810.

［57］ Dussaillant A. , Benito G. , Buytaert W. , et al. , "Repeated Glacial – lake Outburst Floods in Patagonia: An Increasing Hazard?", *Natural Hazards*, 2010, 54: 469 – 481.

［58］ Dyurgerov M. B. , "Mountain and Sub – polar Glaciers Show an Increase in Sensitivity to Climatic Warming and Intensification of the Water Cycle", *J.*

Hydrol, 2003, 282 (1 –4) 164 –176.

[59] Emmer A. , Vilimek V. , "Review Article: Lake and Breach Hazard Assessment for Moraine – dammed lakes: An Example from the Cordillera Blanca (Peru)", *Nat. Hazards Earth Syst. Sci.* , 2013, 13: 1551 ˗ 1565.

[60] Evans S. G. , *"The Breaching of Moraine – dammed Lakes in the Southern Canadian Cordillera Proceedings"* , International Symposium on Engineering Geological Environment in Mountainous Areas, Beijing, 1987, 2: 141 – 150.

[61] Evans S. G. , "The Maximum Discharge of Outburst Floods Caused by the Breaching of Man – made and Natural Dams", *Canadian Geotechnical Journal* , 1986, 23: 385 –387.

[62] Feldman J. M. , "Beyond Attribution Theory: Cognitive Processes in Performance Appraisal", *Journal of Applied Psychology*, 1981, 66: 127 –148.

[63] Fread D. L. , *BREACH: An Erosion Model for Earthen Dam Failures*, Office of Hydrology, NWS, NOAA: Hydrologic Research Laboratory, 1988.

[64] Garatwa W. , Bollin C. , *Disaster Risk Management: a Working Concept*, Eschborn (Germany): Deutsche Gesellschaft fur Technische Zusammenarbeit (GTZ) , 2002.

[65] Gardelle J. , Arnaud Y. , Berthier E. , "Contrasted Evolution of Glacial Lakes Along the Hindu Kush Himalaya Mountain Range Between 1990 and 2009", *Glob Planet Change*, 2011, 75: 47 –55.

[66] Giardini D. , Grünthal G. , Shedlock K. M. et al. , "The GSHAP Global Seismic Hazard Map", *Annali di Geofisica*, 1999, 42 (6), 1225 –1228.

[67] Glaciology Unit, *Inventory Cordillera Blanca Glaciers*, Peru's National Water Authority Glaciology Unit, 2009.

[68] Griswold J. P. , *Mobility Statistics and Hazard Mapping for non-volcanic Debris Flows and Rock Avalanches*, Unpublished MasterThesis. Portland State University, Portland, Oregon, 2004.

[69] Haeberli W. , "Frequency and Characteristics of Glacier Floods in the Swiss Alps", *Annals of Glaciology*, 1983, 4: 85 –90.

[70] Haeberli W. , Kääb A. , Paul F. et al. , "A Surge – type Movement at Ghi-

acciaio Del Belvedere and A Developing Slope Instability in the East Face of Monte Rosa, Macugnaga, Italian Alps", *Norwegian Journal of Geography*, 2002, .56: 104 – 111.

[71] Hagen V. K., "Re – evaluation of Design Floods and Dam Safety. Transactions, 14th International Congress on Large Dams", *Rio de Janeiro*, 1982, 1: 475 – 491.

[72] Helm P., "Integrated Risk Management for Natural and Technological Disasters", *Tephra*, 1996, 15 (1): 4 – 13.

[73] Hewitt K., "Natural Dams and Outburst Floods of the Karakoram Himalaya", In: *Hydrological Aspects of Alpine and High Mountain Areas (Proceedings of the Exeter Symposium, Juiy 1982)*, IAHS Publ., 1982: 138.

[74] Huggel C., Kääb A., Haeberlii W., et al., "Remote Sensing Based Assessment of Hazards from Glacier Lake Outbursts: A Case Study in the Swiss Alps", *Canadian Geotechnical Journal*, 2002, 39: 316 – 330.

[75] Huggel C., Kääb A., Salzmann N., "GIS Based Modeling of Glacial Hazards and Their Interactions Using Landsat – TM and IKONOS Imagery", *Norwegian Journal of Geography*, 2004, 58: 61 – 73.

[76] Huggel C., Kääb A., Haeberli W. et al., "Regional – scale GIS Models for Assessment of Hazards from Glacial Lake Outbursts: Evaluation and Application in the Swiss Alps", *Natural Hazards and Earth System Sciences*, 2003, 3: 647 – 662.

[77] Hungr O., Mcdougall S., Bovis M. J., "Entrainment of Material by Debris Flows", In: Jakob M, Hungr O (eds) *Debris-Flow Hazards and Related Phenomena*, *Praxis*, Springer Verlag, Berlin, Heidelberg, 2005: 135 – 158.

[78] Hungr O., Morgan G. C., Kellerhals, P., "Quantitative Analysis of Debris Hazards for Design of Remedial Measures", *Can. Geotech. J.*, 1984, 21: 663 – 677,

[79] Hurst N. W., *Risk Assessment the Human Dimension*, Cambridge: The Royal Society of Chemistry, 1998.

[80] Hydrologic Engineering Center, *HEC – RAS*, *River Analysis System*, version

1. 1. , U. S. Army Corps of Engineers, Davis, CA, 1995.

[81] ICIMOD, *Glacial Lakes and Glacial Lake Outburst Floods in Nepal*, Kathmandu: ICIMOD, 2011.

[82] ICIMOD, *Impact of Climate Change on Himalayan Glaciers and Glacial Lakes: Case Studies on GLOF and Associated Hazards in Nepal and Bhutan*, Kathmandu: ICIMOD, 2007.

[83] IPCC, *Climate Change* 2007: *The Physical Science Basis*, Contribution of Working Group I to the Fourth Assessment Report of the Intergovernmental Panel on Climate Change. Cambridge, New York: Cambridge University Press, 2007.

[84] IPCC, *Summary for Policymakers. Climate Change* 2013: *The Physical Science Basis*, Working Group I Contribution to the IPCC Fifth Assessment Report SPM1 – SPM36, 2013.

[85] IUGS, "Quantitative Risk Assessment for Slopes and Landslides – the State of the Art", in: Cruden D. , Fell R. (eds) *Landslide Risk Assessment*, Proceedomgs of the International Workshop on Landslide Risk Assessmemt. Honolulu. Hawaii. Balkerma: Rotterdam, 1997.

[86] Ives J. D. , Shrestha R. B. , Mool P. K. , *Formation of Glacial Lakes in the Hindu Kush – Himalayas and GLOF Risk Assessment*, Kathmandu: International Centre for Integrated Mountain Development (ICIMOD) , 2010.

[87] Jakob M. , "A Size Classification for Debris Flows", *Eng Geol.* , 2005, 79: 151 – 161.

[88] Japan Aerospace Exploration Agency, Glacial Lakes in Bhutan Himalayas, Accessed October 28, 2009. https: //www. jica. go. jp/english/index. html.

[89] Jarrett R. D. , Malde H. E. , "Paleodischarge of the Late Pleistocene Bonneville Flood, Snake River, Idaho, Computed from New Evidence", *Geol. Soc. Am. Bull.* , 1987, 99: 127 – 134.

[90] Jones R. , Boer R. , Assessing current climate risks Adaptation Policy Framework: A Guide for Policies to Facilitate Adaptation to climate Change, UNDP, in review, http: //www. undp. org/cc/apf – outline. htm) , 2003.

[91] Kääb A. , Reynolds J. M. , Haeberli W. , "Glacier and permafrost hazards

156

in high mountains", In: Huber U. M. , Bugmann H. K. M. , Reasoner M. A. , *Global Change and Mountain Regions* (A State of Knowledge Overview), Springer, Dordrecht, 2005: 225 – 234.

[92] Kaltenborn B. P. , Nellemann C. , Vistnes I. I. , *High Mountain Glaciers and Climate Change – Challenges to Human Livelihoods and Adaptation*, Birke-land Trykkeri AS, Norway, 2010.

[93] Kargel J. S. , Abrams M. J. , Bishop M. P. , et al. , "Multispectral Imaging Contributions to Global Land Ice Measurements from Space", *Remote Sensing of Environment*, 2005, 99: 187 – 219.

[94] Kaser G. , Osmaston H. , *Tropical Glaciers*, New York: Cambridge Univ. Press, 2002: 207.

[95] Kattelmann R. , "Glacial Lake Outburst Floods in the Nepal Himalaya: A Manageable Hazard?", *Natural Hazards*, 2003, 28: 145 – 154.

[96] Kershaw J. A. , Clgue J. J. , Evan S. G. , "Geomorphic and Sediment geo-logical Signature of A Two Phase Outburst Flood from Moraine – Dammed Queen Bess Lake, British Columbia, Canada", *Earth Surface Processes and Land-forms*, 2005, 30: 1 – 25.

[97] Kershaw J. A. , *Formation and Failure of Queen Bess Lake*, *MSc Disserta-tion*, Burnaby, BC: Simon Fraser University, 2002.

[98] King J. R. , Shuter B. J, Zimmerman A. P. , "Signals of Climate Trends and Extreme Events in the Thermal Stratification of Multibasin Lake Opeongo", *Canadian Journal of Fisheries and Aquatic Science*, 1999, 56: 847 – 852.

[99] Koob P. , *Tasmania State Emergency Service*: *Emergency Risk Management*, Emergency Management Australia (EMA), Commonwealth of Austrilian, 1999.

[100] Kumar B. , Murugesh Prabhu T. S. , "Impacts of Climate Change: Glacial Lake Outburst Floods (GLOFs)", In: *Climate Change in Sikkim Patterns*, *Im-pacts and Initiatives*, Information and Public Relations Department, Government of Sikkim, Gangtok, 2012

[101] Lancaster S. T. , Hayes S. K. , Grant G. E. , "Effects of Wood on Debris Flow Runout in Small Mountain Watersheds", *Water Resour Res*, 2003,

39：1168.

[102] Lee S. , Pradhan B. , "Landslide Hazard Mapping at Selangor, Malaysia using Frequency Ratio and Logistic Regression Models", *Landslides*, 2007, 4 (1)：33 –41.

[103] Liu C. Z, Zhang M. X, Meng H. , "Study on the Geo – Hazards Mitigation System by Residents' Self-Understanding and Self – Monitoring", *Journal of Disaster Prevention and Mitigation Engineering*, 2006, 26 (2)：175 –179.

[104] Liu C. H. , Sharma C. K. , *Report on First Expedition to Glaciers and Glacial lakes in the Pumqu (Arun) and Poiqu Bhote – SunKosi) River Basin, Xizang (Tibet), China*, Beijing Science Press (in Chinese), 1988.

[105] Liu J. J. , Cheng Z. L. , Su C. S. , "The Relationship between Air Temperature Fluctuation and Glacial Lake Outburst Floods in Tibet, China", *Quaternary International*, 2014, 321：78 –87.

[106] Lliboutry L. A. , Morales, B. , Pautre A. et al. , "Glaciological Problems Set by the Control of Dangerous Lakes in Cordillera Blanca, Peru", *Journal of Glaciology*, 1977, 18 (79)：239 –254.

[107] Ma D. T. , Tu J. J. , Cui P. , et al. "Approach to Mountain Hazards in Tibet, China", *Journal of Mountain Science*, 2004, 1 (2)：143 –154.

[108] Ma L. L. , Tian L. D. , Pu J. C. , et al. , "Recent Area and Ice Volume Change of Kangwure Glacier in the Middle of Himalaya", *Chin Sci Bull*, 2010, 55 (18)：1766 –1774

[109] Maskey T. M. , *Movement and Survival of Captive – reared Gharal, Gavialis Gangeticus in the Narayani river, Nepal*, University of Florida, USA：Phd thesis, 1989.

[110] Maskrey A. , *Community Based Disaster Mitigation*, UK：OXFAM Publications, 1989.

[111] Mayer C. , Lambrecht A. , Hagg W. et al. , "Post – drainageice Dam Response at Lake Merzbacher, Inylchek Glacier, Kyrgyzstan", *Geografiska Ann. Ser. A.*, 2008, 90 (1)：87 –96.

[112] McKillop R. J. , Clague J. J. , "Statistical, Remote Sensing – based Ap-

proach for Estimating the Probability of Catastrophic Drainage from Moraine – dammed Lakes in Southwestern British Columbia", *Global and Planetary Change*, 2007a, 56 153 – 171.

[113] McKillop R. J., Clague J. J., "A Procedure for Making Objective Preliminary Assessments of Outburst Flood Hazard from Moraine Dammed Lakes in Southwestern British Columbia", *Nat Hazards*, 2007b, 41: 131 – 157

[114] Meiners S., "Historical to Post Glacial Glaciation and Their Differentiation from the Late Glacial Periodon Examples of the Tien – Shanand the N. W. Karakorum", *Geo. Journal*, 1997, 42 (2 – 3): 259 – 302.

[115] Meon G., Schwahz W., "Estimation of Glacier Lake Outburst Flood and Its Impact on A Hydro Project in Nepal", *Snow and Glacier Hydrology*, 1992, 218: 331 – 339.

[116] Mergili M., Schneider J. F., "Regional – scale Analysis of Lake Outburst Hazards in the Southwestern Pamir, Tajikistan, Based on Remote Sensing and GIS", *Nat. Hazards Earth Syst. Sci.*, 2011, 11, 1447 – 1462.

[117] Meroni F., Zonno G., "Seismic Risk Evaluation", *Survey Geophys*, 2000, 21 (2): 257 – 267.

[118] Mileti D. S., *Natural Hazards and Disasters – Disasters by Design A Reassessment of Natural Hazards in the United State*, Washingto DC: Joseph Henry Press, 1999.

[119] Mool P. K., Bajracharya S. R., Joshi S. P., *Inventory of Glaciers, Glacial Lakes, and Glacial Lake Outburst Floods: Monitoring and Early Warning Systems in the Hindu Kush – Himalayan Regions*, Kathmandu: ICIMOD, 2001.

[120] Morgan M. G., Henrion M., *Uncertainty: A Guide to Dealing with Uncertainty in Quantitative Risk and Policy Analysis*, New York: Cambridge University Press, 1990.

[121] Motilal Ghimire, *Review of Studies on Glacial Lake Outburst Floods and Associated Vulnerability in the Himalaya*, The Himalayan Review, 2004 – 2005: 35 – 36, 49 – 64.

[122] Nadim F., Kjekstad O., "Assessment of Global High – risk Landslide

Disaster Gotspots", *Landslides*, 2009, 3 (11): 213 – 221.

[123] Narama C., Duishonakunov M., Kääb A. et al., "The 24 July 2008 Outburst Flood at the Western Zyndan Glacial Lake and Recent Regional Changes in Glacial Lakes of the Teskey Ala – Too Range, Tien Shan, Kyrgyzstan", *Nat. Hazards Earth Syst. Sci.*, 2012, 10, 647 – 659.

[124] Nayar A., "When The Ice Melts", *Nature*, 2009, 461: 1042 – 1046

[125] Nie Y., Zhang Y. L., Liu L. S., et al., "Monitoring Glacier Change Based on Remote Sensing in the Mt. Qomolangma National Nature Preserve, 1976 – 2006", *Acta Geogr Sin.*, 2010, 65 (1): 13 – 18 (in Chinese)

[126] O'Connor J. E., "Hydrology, Hydraulics, and Geomorphology of the Bonneville Flood", *Geol. Soc. Am.*, *Spec. Pap.*, 1993, 274: 83.

[127] O'Connor J. E., Hardison J. H., Costa J. E., "Debris flows form Failures of Neoglacial – age Moraine Dams in the Three Sisters and Mount Jefferson Wilderness Areas, Oregon", US Geological Survey Professional Paper, 2001: 93.

[128] O'Connor J. E., Webb R. H., "Hydraulic Modeling for Paleoflood Analysis", In: Baker, V. R., Kochel, R., Patton, P. C. (Eds.), *Flood Geomorphology*, New York, NY: John Wiley and Sons, 1988: 393 – 402.

[129] O'Connor J. E., Baker V. R., "Magnitudes and Implications of Peak Discharges from Glacial Lake Missoula", *Bulletin of the Geological Society of America*, 1992, 104 (3), 267 – 279.

[130] Oerlemans J., "Extracting A Climate Signal from 169 Glacier Records", *Science*, 2005, 308 675 – 677.

[131] Okada N., Tatano H., Hagihara Y. et al., "Integrated Research on Methodological Development of Urban Diagnosis for Disaster Risk and Its Applications", *Annuals of Disas. Prev. Res. Inst. Kyoto Univ.*, 2004, 47 (C): 1 – 8.

[132] Hofmann W., Patzelt, G., "*The Mountain and Glacier Falls of Huascarán, Cordillera Blanca, Peru*", High Mountain Research, 6th Working Community for Comparative High Mountain Research, Munich, 1983.

[133] Pelling M., *Visions of Risk: A Review of International Indicators of Disaster Risk and its Management*, ISDR/UNDP: King's College, University of London,

2004: 1 – 56.

[134] Pelling M. , Maskrey A. , Ruiz P. et al. , *United Nations Development Programme. A Global Report Reducing Disaster Risk: A Challenge for Development*, New York: UNDP, 2004: 1 – 146.

[135] Petrakov D. A. , Tutubalina O. V. , Aleinikov A. A. , et al. , "Monitoring of Bashkara Glacier Lakes (Central Caucasus, Russia) and Modeling of Their Potential Outburst", *Nat Hazards*, 2012, 61 1293 – 1316.

[136] Popov N. , "Assessment of Glacial Debris Flow Hazard in the North TianShan", In: Proceedings of the Soviet – China – Japan Symposium and Field Workshop on Natural Disasters, 1991: 384 – 391.

[137] Quincey D. J. , Richardson S. D. , Luckman A et al. , "Early Recognition of Glacial Lake Hazards in the Himalaya Using Remote Sensing Datasets", *Global and Planetary Change*, 2007, 56: 137 – 152.

[138] Racoviteanu A. E. , Paul F. , Raup B. , et al. , "Challenges and Recommendations in Mapping of Glacier Parameters from Space: Results of the 2008 Global Land Ice Measurements from Space (GLIMS) workshop, Boulder, Colorado, USA", *Annals of Glaciology*, 2010, 50 (53): 53 – 69.

[139] Rana B. , Shrestha A. B. , Reynolds J. M. , et al. , "Hazard Assessment of the Tsho Rolpa Glacial Lake and onging Remediation Measures", *Journal of Nepal Geological Society*, 2000, 22 563 – 570.

[140] Remondo J. , Bonachea J. , Cendrero A. A. , "Statistical Approach to Landslide Risk Modelling at Basin Scale: from Landslide Susceptibility to Quantitative Risk Assessment", *Landslides*, 2005, 2 (4): 321 – 328.

[141] Ren J. W. , Qin D. H. , Kang S. C. , et al. , "Glacier Variations and Climate Warming and Drying in the Central Himalaya", *Chin. Sci. Bull.* , 2004, 49: 65 – 69 (in Chinese)

[142] Reynolds J. M. , "On the Formation of Supraglacial Lakes on Debris – covered Glaciers", In: *Debris – covered Glaciers* (Symposium at Seattle 2000), Nakawo M, Raymond CF, Fountain A (eds), International Association of Hydrological Sciences: Wallingford, Oxfordshire, 2000: 264; 153 – 161.

[143] Richard D. , Gay M. , *Glaciorisk*, *Survey and Prevention of Extreme Glaciological Hazards in European Mountainous Regions*, EVG1 2000 00512 Final report（01. 01. 2001e31. 12. 2003）, http：//glaciorisk. grenoble. cemagref. fr. , 2003.

[144] Richardson S. D, Reynolds J. M. , "An Overview of Glacial Hazards in the Himalaya", *Quaternary International*, 2000, 65 – 66：31 – 47.

[145] Rickenmann D. , "Empirical Relationships for Debris Flows", *Nat. Haz.* , 1999, 19：47 – 77.

[146] Rickenmanna D. , Zimmermann M. , "The 1987 Debris Flows in Switzerland：Documentation and Analysis", *Geomorphology*, 1993：8：175 – 189.

[147] Roohi R. , Ashraf R. , Mustafa N. , et al. , *Preparatory Assessment Report on Community Based Survey for Assessment of Galcier Lake Outburst Flood Hazards（GLOFs）in Hunza River Basin*, Islamabad, Paskistan：Water Resources Research Institute, National Agricltural Research Centre, 2008.

[148] Sakai A. , Chikita K. , Yamada T. , "Expansion of A Moraine Dammed Glacial Lake, Tsho Rolpa, in Rolwaling Himal, Nepal Himalaya", *Limnology and Oceanography*, 2000, 45：1401 – 1408.

[149] Salerno F. , Thakuri S. , Viviano G. et al. , "Climate Change Impact on Cryosphere in Central Southern Himalaya（Nepal）", *Geophys Res Abstracts*, 2013, 15：EGU2013 – 11024

[150] Sarris A. , Loupasakis C. , Soupios P. et al. , "Earthquake Vulnerability and Seismic Risk Assessment of Urban Areas in High Seismic Regions：Application to Chania City, Crete Island, Greece", *Natural Hazards*, 2010, 54（2）：395 – 412.

[151] Schaub Y. , Haeberli W. , Huggel C. et al. , "Landslides and New Lakes in Deglaciating Areas：A risk Management Framework", In：Sassa, K. , Canuti, P. , Margottini, C. et al. , *The Second World Landslide Forum*, Landslide Science and Practice, 2013, 7 31 – 38.

[152] Schneider D. , Huggel C. , Cochachin A. et al. , "Mapping Hazards from Glacial Lake Outburst Floods Based on Modelling of Process Cascades at Lake

513，Carhuaz，Peru"，*Adv. Geosci.*，2014，35，145 – 155.

［153］ Schneider J. F.，Gmeindl M.，Traxler K.，*Risk Assessment of Remote Geo-hazards in Central and Southern Pamir/GBAO*，*Tajikistan*，Report to the Ministry of Emergency，Tajikistan and the Swiss Agency for Development and Cooperation （SDC），2004.

［154］ Scot Dahms S. H.，*Moraine Dam Failure and Glacial Lake Outburst Floods*，Emporia，Kansas：Quaternary Geology，2006：72.

［155］ Shi P. J.，Du J.，Ji M. X. et al.，"Urban Risk Assessment Research of Major Natural Disasters in China"，*Advances in Earth Science*，2006，21 （2）：170 – 177.

［156］ Shi Y. F.，*Glaciers and Related Environments in China*，Beijing：Science Press，2008.

［157］ Shook G.，"An Assessment of Disaster Risk and Its Management in Thailand"，*Disasters*，1997，21 （1）：77 – 88.

［158］ Shrestha A. B.，Aryal R.，"Climate Change in Nepal and Its Impact on Himalayan Glaciers"，*Reg Environ Change*，2011，11 （Suppl 1）：S65 – 77.

［159］ Singerland R.，Voight B.，"Evaluating Hazard of Landslide – induced Water Waves"，*Journal of the Waterway*，*Port*，*Coastal and Ocean Division*，1982，108：504 – 512.

［160］ Singh V. P.，*Dam Breach Modelling Technology*，Dordrecht，Boston，London：Kluwer Academic Publishers，1996：242.

［161］ Stenehion P.，"Development and Disaster Management"，*Australian Journal of Emergency Management*，1997，12 （3）：40 – 44.

［162］ Sturm M.，Benson G. S.，"A History of Jökulhlaup from Strandline Lade，Alaska，U. S. A"，*Jour. Glaciol.*，1985，31 （109）：272 – 280.

［163］ Tobin G. A.，*Montz B. E. Natural Hazards*：*Explanation and Integration*，New York：The Guilford Press，1997.

［164］ Tweed F. S.，Russell A. J.，"Controls on the Formation and Sudden Drainage of Glacier – impounded Lakes：Implications for Jökulhlaup Characteristics"，*Progress in Physical Geography*，1999，23 （1），79 – 110.

[165] UNDHA, *Internationally Agreed Glossary of Basic Terms Related to Disaster Management*, Geneva: United Nations Department of Humanitarian Affairs, 1992.

[166] UNDRO, *Mitigating Natural Disasters, Phenomena, Effects and Options, Amanual for Policy Makers and Platiners*, NewYork, UNDRO, 1991.

[167] United Nations, *Risk Awareness and Assessment, in Living with Risk*, Geneva, WMO and Asian Disaster Reduetion Centre: ISDR, 2002: 39 - 78.

[168] USAID, *Glacial Lake Handbook - Glacial Lake Handbook - Reducing Risk from Dangerous Glacial Lakes in the Cordillera Blanca, Peru*, United States Agency for International Development. Washington, DC, 2014.

[169] Vuichard D. , Zimmermann M. "The 1985 Catastrophic Drainage of a Moraine - dammed Lake, Khumbu Himal, Nepal: Cause and Consequences", *Mountain Research and Development*, 1987, 7: 91 - 110.

[170] Walder J. S. , Watts P. , Sorensen O. E. et al. , "Water Waves Generated by Subaerial Mass Flows", *Journal of Geophysical Research*, 2003, 108 (B5): 2236 - 2255.

[171] Walder J. S. , Costa J. E. , "Outburst Floods from Glacier Dammed Lakes: the Effect of Mode of Lake Drainage on Flood Magnitude", *Earth Surface Processes and Landforms*, 1996, 21: 701 - 723.

[172] Walder J. S. , O'Connor J. E. , "Methods for Predicting Peak Discharges of Floods Caused by Failure of Natural and Constructed Earthen Dams", *Water Resources Research*, 1997, 33: 2337 - 2348.

[173] Wang S. J. , Zhang T. , "Glacial Lakes Change and Current Status in the Central Chinese Himalaya from 1990 to 2010", *Journal of Applied Remote Sensing*, 2013, 7 (1): 073459. Doi. org/10. 1117/1. JRS. 7. 073459.

[174] Wang S. J. , Zhang T. , "Spatially Change Detection of Glacial Lakes in the Koshi River Basin, the Central Himalaya", *Environmental Earth Science*, 2014: Doi: 10. 1007/s12665 - 014 - 3338 - y.

[175] Wang S. J. , Jiao S. T. , "Evolution and Outburst Risk Analysis of Moraine - dammed Lakes in the Central Chinese Himalaya", *Journal of Earth System Sci-*

ence, 2015, 124 (3): 567 –576.

[176] Wang W. C., Gao Y., Anacona P. I. et al., "Integrated Hazard Assessment of Cirenmaco Glacial Lake in Zhangzangbo Valley, Central Himalayas", *Geomorphology*, 2015, doi. org/10. 1016/j. geomorph. 2015. 08. 013.

[177] Wang W. C., Xiang Y., Gao Y. et al., "Rapid Expansion of Glacial Lakes Caused by Climate and Glacier Retreat in the Central Himalaya", *Hydrol. Process*, 2014, 29: 859 – 874.

[178] Wang W. C., Yao T. D., Gao Y. et al., "A first – order Method to Identify Potentially Dangerous Glacial Lakes in A Region of the Southeastern Tibetan Plateau", *Mountain Research and Development*, 2011, 31 (2) 122 –130.

[179] Wang W. C., Yao T. D., Yang X. Y., "Variations of Glacial Lakes and Glaciers in the Boshula Mountain Range, Southeast Tibet, from the 1970s to 2009", *Ann Glaciol.*, 2011, 52 (58): 9 – 12.

[180] Wang X., Liu S. Y., Guo W. Q. et al., "Assessment and Simulation of Glacier Lake Outburst Floods for Longbasaba and Pida Lakes, China", *Mt. Res. Dev.*, 2008, 28 (3/4): 310 –317.

[181] Wang X., Liu S., Ding Y. et al., "An Approach for Estimating the Breach Probabilities of Moraine – dammed Lakes in the Chinese Himalaya Using Remote – sensing Data", *Nat. Hazards Earth Syst. Sci.*, 2012b, 12 3109 – 3122.

[182] Wang X., Liu S. Y., Guo W. Q. et al., "Using Remote Sensing Data to Quantify Changes in Glacial Lakes in the Chinese Himalaya", *Mt. Res. Dev.*, 2012a, 32 (2): 203 –212.

[183] WECS (Water and Energy Commission Secretariat), *Preliminary Study of Glacial Lake Outburst Floods in Nepal Himalaya, Phase I Interim Report*, Kathmandu, Nepal, 1987: 3 – 36.

[184] Westoby M. J., Glasser N. F., Brasington J. et al., "Modelling Outburst Floods from Moraine – dammed Glacial Lakes", *Earth Science Reviews*, 2014: DOI: 10. 1016/j. earscirev. 2014. 03. 009.

[185] Wilson R., Crouch E. A. C., "Risk Assessment and Comparison: an In-

troduction", *Science*, 1987, 236 (4799): 267 – 270.

[186] Wisner B., Blaikie P., Cannon T. et al., *At Risk Natural Hazards, People's Vulnerability and Disasters*, 2nd ed. New York: Routledge, 2004.

[187] Wisner J. D., Corney W. J., "Comparing Practices for Capturing Bank Customer Feedback: Internet Versus Traditional Banking", *Benehmarking: An International Journal.*, 2001, 8 (3): 240 – 250.

[188] Wisner J. D., Tan K. C., "Supply Chain Management and Its Impact on Purchasing", *Journal of Supply Chain Management*, 2000, 36: 33 – 42.

[189] WWF – Nepal, *An Overview of Glaciers, Glacier Retreat, and Subsequent Impacts in Nepal, India and China*, WWF – Nepal Program, 2005

[190] Xiang Y., Gao Y., Yao T. D., "Glacier Change in the Poiqu River Basin Inferred from Landsat Data from 1975 to 2010", *Quaternary International*, 2014, doi. org/10. 1016/j. quaint. 2014. 03. 017.

[191] Xu D. M., Feng Q. H., "Study of Ice Debris Flow and Glacial Lake Outburst Disasters", *J. Glaciol. Geocryol.*, 1988, 10 (3): 284 – 289 (in Chinese).

[192] Xu Y., Gao X. J., Shen Y. et al., "A Daily Temperature Dataset over China and Its Application in Validating a RCM Simulation", *Advances in Atmospheric Sciences*, 2009, 26 (4), 763 – 772.

[193] Yamada T., Motoyama H., "Contribution of Glacier Meltwater to Runoff in Glacierized Watersheds in the Langtang Valley, Nepal Himalayas", *Bull Glacier Res.*, 1988, 6: 65 – 74.

[194] Yammada T., *Glacial Lakes and Their Outburst Foods in the Nepal Himalaya*, Kathmandu, Nepal, Water and Energy Commission Secretariat, Nepal, 1993: 1 – 37.

[195] Yao T., Yao T. D., Li Z. G. et al., "Glacial Distribution and Mass Balance in the Yarlung Zangbo River and Its Influence on Lakes", *Chin Sci Bull.*, 2010, 55 (20) 2072 – 2078.

[196] Ye Q. H., Kang S. C, Chen F. et al., "Monitoring Glacier Variations on Geladandong Mountain, Central Tibetan Plateau from 1969 to 2002 using Remote –

sensing and GIS technologies", *J. Glaciol.*, 2006, 52（179）：537 – 545.

［197］Ye Q. H., Zhong Z. W., Kang S. C. et al., "Monitoring Glacier and Supra – Glacial Lakes from Space in Mt. Qomolangma Region of the Himalaya on the Tibetan Plateau in China", *J Mt Sci.*, 2009, 6：211 – 220.

［198］Yin J. Q., *Glaciers' Distribution, Variation and Change Prediction of South and North Slopes in Mt. Everest Area*, Master Thesis of Hunan Normal University, 2012：10 – 12

［199］Young G. J., "Monitoring Glacier Outburst Floods", *Nordic Hydrology*, 1980：285 – 300.

［200］Zapata Luyo, M., *La Dinamica Glaciar en Lagunas de la Cordillera Blanca*, Acta Mont., （Czech Republic）, 2002, 19（123）：37 – 60.

［201］Zemp M., van Woerden J., *Global Glacier Changes：Facts and Figures*, UNEP, WGMS, 2008.

［202］Zhou Y. X., Liu G. J., Fu E. J. et al., "An Object – relational Prototype of GIS – based Disaster Database", *Procedia Earth and Planetary Science*, 2009, 1（1）：1060 – 1066.

［203］Zhu L. P., Xie M. P., Wu Y. H., "Quantitative Analysis of Lake Area Variations and the Influence Factors from 1971 to 2004 in the Nam Co Basin of the Tibetan Plateau", *Chinese Science Bulletin*, 2010, 55（13）：1294 – 1303.

［204］中华人民共和国国家质量监督检验检疫总局、中国国家标准化管理委员会：《中华人民共和国国家标准：自然灾害管理基本术语（GB/T 26376 – 2010）》，中国标准出版社 2011 年版。

［205］中国科学院地理研究所：《气候变化若干问题》，科学出版社 1977 年版。

［206］何文炯：《风险管理》，中国财政经济出版社 2005 年版。

［207］全国地震标准化技术委员会：《中国地震烈度表》，《中华人民共和国国家标准（GB/T 17742 – 2008）》2009 年。.

［208］刘伟：《西藏易贡巨型超高速远程滑坡地质灾害链特征研析》，《中国地质灾害与防治学报》2002 年第 3 期。

［209］刘传正、张明霞、孟晖：《论地质灾害群测群防体系》，《防灾减灾

工程学报》2006 年第 2 期。

［210］刘冲：《喜马拉雅山冰川湖冰碛垄淤堵的天然减渗现象研究》，硕士学位论文，吉林大学，2013 年。

［211］刘希林：《区域泥石流风险评价研究》，《自然灾害学报》2000 年第 1 期。

［212］刘新立：《风险管理》，北京大学出版社 2006 年版。

［213］刘春玲、祁生文、童立强等：《喜马拉雅山地区重大滑坡灾害及其与地层岩性的关系研究》，《工程地质学报》2010 年第 5 期。

［214］刘晓尘、效存德：《1974—2010 年雅鲁藏布江源头杰玛央宗冰川及冰湖变化初步研究》，《冰川冻土》2011 年第 3 期。

［215］刘晶晶、程尊兰、李咏等：《西藏冰湖溃决主要特征》，《灾害学》2008 年第 1 期。

［216］刘淑珍、李辉霞、都燕等：《西藏自治区洛扎县冰湖溃决危险度评价》，《山地学报》2003 年增刊。

［217］史培军：《三论灾害研究的理论与实践》，《自然灾害学报》2002 年第 3 期。

［218］叶金玉、林广发、张明锋：《自然灾害风险评估研究进展》，《防灾科技学院学报》2010 年第 3 期。

［219］吕儒仁、唐邦兴、李德基等：《西藏泥石流与环境》，成都科技大学出版社 1999 年版。

［220］吕儒仁、唐邦兴：《西藏的冰川终碛湖溃决泥石流/滇藏铁路线勘测选线讨论会论文选辑》，中国铁道学会铁道工程委员会 1981 版。

［221］吕儒仁、李德基：《西藏工布江达县唐不朗沟的冰湖溃决泥石流》，《冰川冻土》1986 年第 1 期。

［222］吕卉：《近 40 年喜马拉雅山冰川波动对气候变化的响应》，硕士学位论文，兰州大学，2013 年。

［223］吴佳、高学杰：《一套格点化的中国区域逐日观测资料及与其它资料的对比》，《地球物理学报》2013 年第 4 期。

［224］吴秀山：《不同溃决模式下冰湖清坝洪水演进模拟》，硕士学位论文，浙江大学，2014 年。

[225] 吴绍洪、戴尔阜、葛全胜等：《综合风险防范：中国综合气候变化风险》，科学出版社 2011 版。

[226] 周寅康：《自然灾害风险评估初步研究》，《自然灾害学报》1995 年第 1 期。

[227] 周洪建、张卫星：《社区灾害风险管理模式的对比研究—以中国综合减灾示范社区与国外社区为例》，《灾害学》2013 年第 2 期。

[228] 姚晓军、刘时银、孙美平等：《20 世纪以来西藏冰湖溃决灾害事件梳理》，《自然资源学报》2014 年第 8 期。

[229] 姚晓军、刘时银、魏俊锋：《马拉雅山北坡冰碛湖库容计算及变化——以龙巴萨巴湖为例》，《地理学报》2010 年第 65 期。

[230] 姚治君、段瑞、董晓辉等：《青藏高原冰湖研究进展及趋势》，《地理科学进展》2010 年第 1 期。

[231] 尹姗、孙诚、李建平：《灾害风险的决定因素及其管理》，《气候变化研究进展》2012 年第 2 期。

[232] 崔鹏、陈容、向灵芝等：《气候变暖背景下青藏高原山地灾害及其风险分析》，《气候变化研究进展》2014 年第 2 期。

[233] 崔鹏、马东涛、陈宁生等：《冰湖溃决泥石流的形成、演化与减灾对策》，《第四纪研究》2003 年第 60 期。

[234] 庄树裕：《中国喜马拉雅山地区冰湖溃决非线性预测研究》，博士学位论文，吉林大学，2010 年。

[235] 张东启、效存德、刘伟刚：《喜马拉雅山区 1951—2010 年气候变化事实分析》，《气候变化研究进展》2012 年第 2 期。

[236] 张帜、刘明：《冰湖溃坝洪水对拉满水库影响分析及 BREAC 模型的应用》，《水道与港口杂志》1994 年第 2 期。

[237] 张祥松、周聿超：《喀喇昆仑山叶尔羌河冰川湖突发洪水研究》，科学出版社 1989 年版。

[238] 张继权、李宁：《主要气象灾害风险评价与管理的数量化方法及其应用》，北京师范大学出版社 2007 年版。

[239] 徐道明、冯清华：《西藏自治区喜马拉雅山区危险冰湖及其溃决特征》，《地理学报》1989 年第 3 期。

[240] 成玉祥、任春林、张骏：《基于 BP 神经网络的地质灾害风险评估方法探讨——以天水地区为例》，《中国地质灾害与防治学报》2008 年第 42 期。

[241] 施雅风：《中国冰川与环境：现在、过去和未来》，科学出版社 2000 年版。

[242] 施雅风：《中国冰川与环境》，科学出版社 2008 年版。

[243] 施雅风：《简明中国冰川目录》，上海科学普及出版社 2005 年版。

[244] 日喀则地区统计年局：《日喀则地区统计年鉴（2005—2014）》，日喀则地区统计年局。

[245] 朱平一、何子文、汪阳春等：《川藏公路典型山地灾害研究》，成都科技大学出版社 1999 年版。

[246] 李均力、盛永伟、骆剑承：《喜马拉雅山地区冰湖信息的遥感自动化提取》，《测绘学报》2011 年第 1 期。

[247] 李德荣、童立强：《遥感技术在堰塞湖溃决调查中的应用 - 以西藏康马县冲巴吓错为例》，《河北遥感》2009 年第 4 期。

[248] 李林、陈晓光、土振宁等：《青藏高原区域气候变化及其差异性研究》，《气候变化研究进展》2010 年第 3 期。

[249] 李治国、姚檀栋、叶庆华等：《1980—2007 年喜马拉雅东段洛扎地区冰湖变化遥感研究》，《自然资源学报》2011 年第 5 期。

[250] 李生海、姚檀栋、田立德等：《西风急流的季节转换特征：希夏邦马峰达索普冰川 6900m 处实地观测》，《科学通报》2011 年第 20 期。

[251] 杨宗辉：《西藏境内泥石流活动近况及整治》，科学技术文献出版社 1982 年版。

[252] 水利部长江水利委员会长江科学院：《GB50218 - 94 工程岩体分级标准》，中国计划出版社 1995 版。

[253] 沈永平、丁永建、刘时银等：《近期气温变暖叶尔羌河冰湖溃决洪水增加》，《冰川冻土》2004 年第 24 期。

[254] 温克刚：《中国气象灾害大典（西藏卷）》，气象出版社 2005 年版。

[255] 牛全福：《基于 GIS 的地质灾害风险评估方法研究——以"4.14"玉树地震为例》，硕士学位论文，兰州大学，2011 年。

［256］王世金、秦大河、任贾文：《冰湖溃决灾害风险研究进展及其展望》，《水科学进展》2012 年第 5 期。

［257］王欣、刘世银：《冰碛湖溃决灾害研究进展》，《冰川冻土》2007 年第 4 期。

［258］王欣、刘时银、姚晓军等：《我国喜马拉雅山区冰湖遥感调查与编目》，《地理学报》2010 年第 1 期。

［259］王欣、刘时银、莫宏伟等：《我国喜马拉雅山区冰湖扩张特征及其气候意义》，《地理学报》2011 年第 7 期。

［260］王欣、刘时银、郭万钦等：《中国喜马拉雅山区冰碛湖溃决危险性评价》，《地理学报》2009 年第 4 期。

［261］秦大河、效存德、丁永建等：《国际冰冻圈研究动态和中国冰冻圈研究的现状与展望》，《应用气象学报》2006 年第 6 期。

［262］秦大河：《喜马拉雅山冰川资源图》，科学出版社 1999 年版。

［263］程尊兰、田金昌、张正波等：《藏东南冰湖溃决泥石流形成的气候因素与发展趋势》，《地学前缘》2009 年第 6 期。

［264］章国材：《气象灾害风险评估与区划方法》，气象出版社 2010 年版。

［265］童立强、祁生文、安国英等：《喜马拉雅山地区重大地质灾害遥感调查研究》，科学出版社 2013 年版。

［266］童立强、聂洪峰、李建存等：《喜马拉雅山地区大型泥石流遥感调查与发育特征研究》，《国土资源遥感》2013 年第 4 期。

［267］翟国方：《日本洪水风险管理研究新进展及对中国的启示》，《地理科学进展》2010 年第 1 期。

［268］聂勇、张镱锂、刘林山等：《近 30 年珠穆朗玛峰国家自然保护区冰川变化的遥感监测》，《地理学报》2010 年第 1 期。

［269］胡桂胜、陈宁生、Narendra Khanal 等：《科西河跨境流域水旱灾害与防治》，《地球科学进展》2012 年第 8 期。

［270］舒友峰：《中国喜马拉雅山地区冰债湖溃决危险性评价及其演进数值模拟》，硕士学位论文，吉林大学，2011 年。

［271］葛全胜、邹铭、郑景云等：《中国自然灾害风险综合评估初步研究》，科学出版社 2008 年版。

[272] 董晓辉：《冰川终碛湖溃决洪水模拟及影响分析》》，博士学位论文，中国科学院地理科学与资源研究所，2008 年。

[273] 西藏自治区发展和改革委员会：《西藏自治区"十二五"时期国民经济和社会发展规划汇编（上）》2012 年。

[274] 西藏自治区地质环境监测总站：《西藏自治区洛扎县冰湖溃决地质灾害防灾预案》，西藏自治区地质环境监测总站报告，2004 年。

[275] 解家毕、丁留谦、张启义：《冰碛湖溃决灾害评估及应急泄流技术》，《中国水利》2012 年第 4 期。

[276] 许燕：《尼洋河流域洪水灾害成因分析》，《西藏科技》2004 年第 3 期。

[277] 车涛、晋锐、李新等：《近 20 年来西藏朋曲流域冰湖变化及潜在溃决冰湖分析》，《冰川冻土》2004 年第 4 期。

[278] 郑菲、孙诚、李建平：《从气候变化的新视角理解灾害风险、暴露度、脆弱性和恢复力》，《气候变化研究进展》2012 年第 2 期。

[279] 陈储军、刘明、张帜：《西藏年楚河冰川终碛湖溃决条件及洪水估算》，《冰川冻土》1996 年第 4 期。

[280] 陈宇棠：《喜马拉雅山冰湖亏溃决泥石流灾害链研究》，硕士学位论文，吉林大学，2008 年。

[281] 陈容、崔鹏：《社区灾害风险管理现状与展望》，《灾害学》2013 年第 1 期。

[282] 陈晓清、崔鹏、杨忠等：《近 15 年喜马拉雅山中段波曲流域冰川和冰湖变化》，《冰川冻土》2005 年第 6 期。

[283] 陈晓清、陈宁生、崔鹏：《冰川终碛湖溃决泥石流流量计算》，《冰川冻土》2004 年第 3 期。

[284] 马宗晋：《中国重大自然灾害及减灾对策（总论)》，科学出版社 2010 版。

[285] 马玉宏、赵桂峰：《地震灾害风险分析及管理》，科学出版社 2008 版。

[286] 黄崇福：《自然灾害风险分析与管理》，科学出版社 2012 版。

[287] 黄崇福：《自然灾害风险评价理论与实践》，科学出版社 2005 版。

［288］黄蕙、温家洪、司瑞洁等：《自然灾害风险评估国际计划述评 II‐评估方法》，《灾害学》2008 年第 3 期。

［289］黄静莉、王常明、王钢城等：《模糊综合评判法在冰湖溃决危险度划分中的应用——以西藏自治区洛扎县为例》，《地球与环境》2005 年第增刊。

附录：不同区域典型潜在危险性冰湖

尼泊尔喜马拉雅山伊姆加（Imja）冰川及其冰湖

（上图来源：Fritz Muller and Jack Ives；下图来源：Erwin Schneider and Alton Byers）

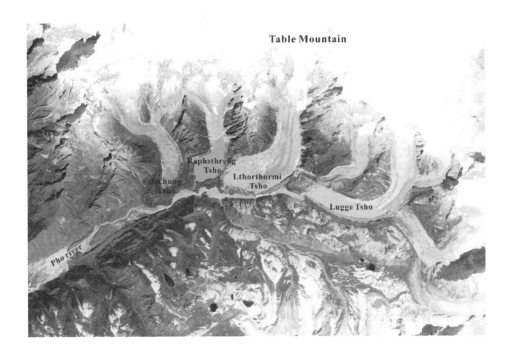

不丹喜马拉雅山桌山南坡 2008 年鲁格耶冰湖（Lugge）、拉芙施特伦（Raphsthreng）和图托麦措（Thorthormi）冰湖（1994 年鲁格耶冰湖曾发生巨大溃决灾害）（Japan Aerospace Exploration Agency，2008；Nayar，2009）

秘鲁布兰卡山 2004 年利亚卡（Llaca）冰湖（Emmer and Villmek，2013）

秘鲁布兰卡山 2012 年帕尔卡 （Palcacocha） 冰湖 （1941 年曾发生巨大溃决灾害）
（Emmer and Villmek，2013）

智利巴塔哥尼亚 2008 年 Cachet 2 冰湖溃决前后对比照片 （Dussaillant et al.，2010）

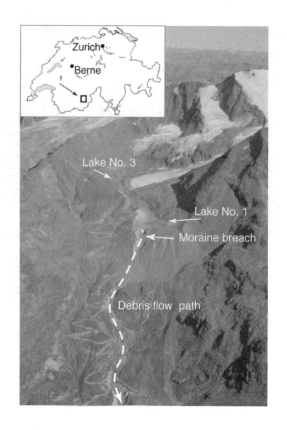

瑞士阿尔卑斯山格鲁本（Gruben）冰川前端冰碛湖（lake No. 1）和冰坝湖（lake No. 3）（1968 年、1970 年发生两次冰湖溃决灾害）及其溃决泥石流演进路径（Haeberli et al.，2001）（Schmid 摄）

瑞士阿尔卑斯山 2007 年戈尔冰川（Gornergletscher）阻塞湖（2004 年曾溃决）（Sugiyama et al.，2007）

吉尔吉斯斯坦天山 Ak–Shirak 峰北坡彼得罗夫（Petrov）冰湖（2011）

大洋洲新西兰南岛库克山 2009 年（左）、2013 年（右）塔斯曼冰川（Tasman glac-ier）前端冰碛湖（S. Allen 摄）

中国喜马拉雅山希夏邦马峰东南坡抗西错冰碛湖全景图（王世金摄，2013）

中国喜马拉雅山珠穆朗玛峰西坡次仁玛错冰湖（1981 年曾发生巨大溃决灾害）

（Wang et al.，2015）

（a：全境照；b：悬冰川；c-d：终碛坝死冰）

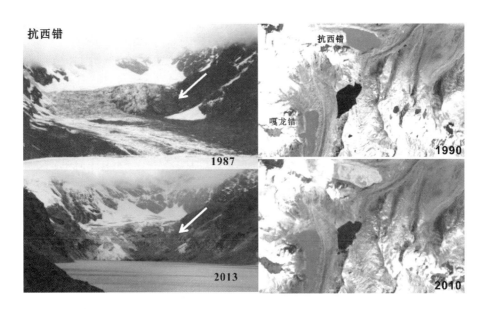

中国喜马拉雅山希夏邦马峰东南坡 1987 年、2013 年抗西错（左图）及其与嘎龙错冰湖变化（右图）

中国喜马拉雅山希夏邦马峰东南坡1986年（左图）、2005年（右图）嘎龙错冰碛湖
（Liu and Sharma，1988；Chen et al.，2007）